W0254508

Goetz · Georg Christoph Lichtenberg

Abb. 1. Georg Christoph Lichtenberg
(1. 7. 1742–24. 2. 1799)
Schattenriß aus dem Jahre 1777

Biographien
hervorragender Naturwissenschaftler,
Techniker und Mediziner Band 49

Georg Christoph Lichtenberg

Prof. Dr. sc. phil. Dorothea Goetz, Potsdam

2., durchgesehene Auflage

Mit 12 Abbildungen

BSB B. G. Teubner Verlagsgesellschaft · 1984

Herausgegeben von
D. Goetz (Potsdam), I. Jahn (Berlin), E. Wächtler (Freiberg),
H. Wußing (Leipzig)
Verantwortlicher Herausgeber: E. Wächtler

ISBN 978-3-322-00555-7 ISBN 978-3-322-94556-3 (eBook)
DOI 10.1007/978-3-322-94556-3

2. Auflage
VLN 294-375/48/84 · LSV 1108
Lektor: Hella Müller

Gesamtherstellung: Elbe-Druckerei Wittenberg IV-28-1-410
Bestell-Nr. 665 986 3

00680

VORWORT

> *Lichtenbergs* Schriften können wir uns als der wunderbarsten Wünschelrute bedienen; wo er einen Spaß macht, liegt ein Problem verborgen.
>
> *Goethe:* Maximen und Reflexionen

Georg Christoph Lichtenberg gehört zu den Persönlichkeiten der deutschen Aufklärung des 18. Jahrhunderts, die nicht nur das geistige Leben ihrer Zeit prägten, sondern auch den darauffolgenden Generationen bis in die Gegenwart hinein Anstoß gaben zum Nachdenken und Weiterdenken.

Kaum einer der bedeutenden Zeitgenossen ging achtlos an den naturwissenschaftlichen und literarischen Arbeiten des verwachsenen Physikprofessors in Göttingen vorüber.

Goethe, Lessing, Volta, Scarpa und *Lavater* kamen eigens nach Göttingen, um sich mit ihm in Gesprächen über physikalische, philosophische und literarische Fragen auszutauschen. Mit *Goethe, Kant* und *Nicolai* verband ihn ein Briefwechsel, mit *Georg Forster* arbeitete er zusammen, *Herder* und *Klopstock* suchten die Begegnung mit ihm, und *Wilhelm* und *Alexander von Humboldt* verehrten in ihm den bedeutenden Hochschullehrer.

Doch nicht nur für seine Zeitgenossen, die den Kontakt mit ihm suchten, war er ein Berater und Kritiker, dessen Anregungen produktiv für sie waren. Auch *Heine, Hebbel, Schopenhauer, Tolstoi, Freud, Tucholsky, Karl Kraus, Albert Einstein* und *Thomas Mann* gehörten zu dem großen Kreis der *Lichtenberg*-Verehrer.

Sein Name hat in der Geschichte des deutschen Geisteslebens vor allem als der eines hervorragenden Schriftstellers, dessen einzelne Notizen und Gedankensplitter als Aphorismen weltliterarischen Rang erhielten, Eingang gefunden. So mag er mit seinem Witz und Spott, seiner Ironie und prägnanten Beobachtungsgabe, die sich in den literarischen Arbeiten zeigen, auch den meisten Menschen bekannt sein.

Doch von sich sagt er selbst: „Auf einen Schriftsteller habe ich nie studiert."

Fast scheint es vergessen zu sein, daß er durch seine Arbeiten zur Elektrizitätslehre die Zeichen „+" und „–" für positive und negative Elektrizität eingeführt hat. Seine Leistungen als Physiker sind mit den nach ihm benannten elektrischen Staubfiguren verknüpft. Auch wurde durch seine Experimente die Möglichkeit des elektrischen Schweißens erwiesen.

Seine Aufzeichnungen waren ihm nur eine Art Selbstverständigung in wissenschaftlichen Fragen, über die herrschenden Verhältnisse seiner Zeit, über die gesellschaftlichen Zustände in Deutschland und über Ereignisse in seiner engeren und weiteren Umgebung.

Albert Leitzmann kommt das große Verdienst zu, diese Notizen veröffentlicht zu haben. Leider handelt es sich aber um keine vollständige Wiedergabe der von *Lichtenberg* geschriebenen Hefte. *Leitzmann* hat, wie er in einer Anmerkung zu den Aphorismen schreibt, nur „diejenigen Bemerkungen mitgeteilt, deren Inhalt oder Stil über das streng Wissenschaftlich-Fachliche hinausgeht und die daher ein allgemeineres Interesse beanspruchen können". Diese Lücke ist sehr bedauerlich, zeigt aber, daß man *Lichtenberg* vor allem zu einer literarischen Persönlichkeit gemacht und darüber vergessen hat, daß er in erster Linie Physiker gewesen ist.

Die vorliegende Biographie versucht, *Lichtenberg* als Physiker und Schriftsteller zu zeigen. Der eine Tätigkeitsbereich kann vom anderen nicht getrennt werden.

Als ein Streiter für „das Fortgehen des Guten und Zweckmäßigen in der Zeit" gehört *Georg Christoph Lichtenberg* zu den Denkern, deren Namen über die Epoche der Aufklärung hinaus ihre Bedeutung für uns behalten haben.

Albert Einstein, der *Lichtenberg* sehr verehrte, sagte über ihn:

> Er war Physik-Professor in Göttingen, ein Original mit wahrhaft genialen Anwandlungen, die sich in unsterbliche Gedanken verdichten.

Potsdam, Juni 1979 *Dorothea Goetz*

INHALT

1. KINDHEIT UND JUGEND

Georg Christoph Lichtenberg wurde am 1. Juli 1742 in Oberramstadt, einem Dorf in der Nähe Darmstadts, geboren. Er war das jüngste Kind des Pfarrers *Johann Conrad Lichtenberg* und dessen Ehefrau *Henriette Chatarina.*
Das Leben der Familie *Lichtenberg* war durch die deutsche Aufklärung in ihrer Aufgeschlossenheit, Vielseitigkeit und in ihrem geistigen Reichtum, aber auch durch ihre Widersprüchlichkeit geprägt.

Abb. 2. *Lichtenbergs* Geburtshaus in Oberramstadt, in dem er die ersten drei Lebensjahre verbrachte

Der Vater, *Johann Conrad,* war Pfarrer in verschiedenen Gemeinden der Landgrafschaft Hessen-Darmstadt. Als *Georg Christoph* geboren wurde, hatte er die Pfarrstelle in Oberramstadt inne und war Metropolitan der Diözese Lichtenberg im Odenwald.
1745 wurde er nach Darmstadt versetzt und nahm dort als Superintendent das oberste Pfarramt des Landes ein. Die damit verbundenen kirchlichen Pflichten füllten seine Berufsarbeit allein nicht aus. Er war auch Architekt und Bauherr verschiedener Kirchen im Odenwald. Doch das von ihm geschaffene bedeutendste Bauwerk war ein Profanbau. Er fertigte den Grundriß und leitete in den Jahren 1745 bis 1750 den Bau des Darmstädter Waisenhauses, des späteren Gymnasiums. Daneben komponierte er Kantaten und schrieb

Texte, die von *Christoph Graupner* vertont und in der Schloßkirche aufgeführt wurden. Diese Dichtungen und Musiken wurden auf Kosten des aufgeklärten Fürsten gedruckt. Einige der uns überlieferten Titel heißen: Edler Kern der Weisheit (1733), Heiliger Schmuck der Kinder Gottes (1738).

Johann Conrad Lichtenberg war ein vielseitig begabter Mann. In Erinnerung an seinen Vater schreibt *Georg Christoph*,

daß er für die damalige Zeit für einen Geistlichen sehr gute mathematische und physikalische Kenntnisse hatte, und eben diese waren es, wodurch er die Aufmerksamkeit des Fürsten auf sich zog.

Johann Conrad Lichtenberg gehörte zu jener Gruppe von Theologen des 18. Jahrhunderts, die sich nicht nur allgemein der Aufklärung zuwandten, indem sie sich gegen die Orthodoxie stellten, sondern die sich auch selbst eingehend mit Fragen der Naturwissenschaften, die durch die Entdeckungen *Kopernikus*', *Keplers, Galileis* und *Newtons* aufgeworfen worden waren, beschäftigten. Er hatte in Halle studiert und war vom Pietismus *August Herrmann Franckes* stark beeinflußt worden.

Der Pietismus nahm im 18. Jahrhundert die „Realien" in die Schulbildung, wenn auch nicht in den direkten Schulunterricht, auf. Diese Fächer, außer Mathematik, wurden hauptsächlich nachmittags unterrichtet. Die kleine Sternwarte auf dem Dach des Hauptgebäudes der *Francke*schen Stiftung ließ astronomische Beobachtungen zu. War auch das Erziehungsziel der Pietisten christlich bestimmt, so veränderten sie dennoch durch den neuen Bildungsstoff, den die Zeit erforderte – Mathematik, Geschichte, Geographie, mechanische Wissenschaften –, den Inhalt der Schulbildung. Diesem pietistischen Bildungsziel war die Erziehung im Pfarrhaus des *Johann Conrad Lichtenberg* in ihrer Grundtendenz nahe gekommen.

Dem Unterricht seiner Söhne in Mathematik, Physik als einem Teil der Naturlehre und in der Astronomie widmete sich der Vater selbst. Die anderen Fächer unterrichteten Hauslehrer. Er machte seine Kinder sehr früh mit der Einrichtung des Weltgebäudes bekannt und flößte ihnen Interesse für Physik ein. *Georg Christoph* hörte auch von seinem Bruder viel über physikalische Probleme. Doch dieses hatte das Gute, so erinnert sich *Lichtenberg*, „daß ich als Primaner gewiß mehr von Astronomie wußte, als jetzt leider! von vielen von Universitäten zurückgebracht wirdä.

Für die Experimente gab es im Hause *Lichtenberg* schon 1749 ein gut ausgerüstetes physikalisches Instrumentarium. Zu den Apparaten gehörte auch eine Elektrisiermaschine. Das war zu jener Zeit noch eine Seltenheit. Das Vorbild für seinen physikalischen Apparat schien Vater *Lichtenberg* wohl in dem „Naturalienkabinett" der „*Francke*schen Stiftungen" gefunden zu haben. *Johann Conrad Lichtenberg* liebte die Naturlehre mit einer Art von Enthusiasmus und wußte sie auch den Bauern seiner Gemeinde zu lehren. In den Wochenpredigten flocht er die Astronomie für alle verständlich ein. Nach solch einer Predigt sagte er einmal, er habe nie eine größere Stille bemerkt. Die Bauern schickten sogar einmal einige Vertreter der Gemeinde zu ihm, die ihn baten, er möchte bald einmal wieder von den Sternen predigen.

Diese Vorliebe und Aufgeschlossenheit den Naturgeschehnissen gegenüber teilte auch die Mutter. Sie las viel, und einen besonderen Reiz hatten für sie Betrachtungen über die Natur. Sie unterhielt sich auch gern über die „Größe und Einrichtung des Weltgebäudes" und pflegte mit ihrem Mann und ihren Kindern den Himmel zu beobachten.

Waren des Vaters Tagesstunden mit seinen Verpflichtungen als Pfarrer und mit seinen Studien oder praktischen Bauarbeiten ausgefüllt, so widmete sich die Mutter ihren Kindern. Sie war eine ständig tätige Hausfrau und hatte immer ein teilnehmendes Verständnis für die Sorgen und Freuden der Menschen um sich, mit ihrer sanften und stillen Art glättete sie die Wogen ihrer Kinderschar.

Neun Kindern schenkte sie das Leben, doch vier starben noch sehr jung. *Georg Christoph* war das jüngste Kind, der Bruder *Ludwig Christian* war $5^1/_2$ und ein weiterer Bruder, *Christian Friedrich*, war fast 9 Jahre älter. So wuchs *Georg Christoph* ohne geschwisterliche Spielgefährten auf.

Das Leben im Pfarrhaus war nicht von theologischen Übungen und der Vermittlung eines Verbalwissens bestimmt. *Georg Christoph Lichtenberg* ist es selbst, der in seinen autobiographischen Aufzeichnungen bemerkt, daß er nicht im Sinne des orthodoxen Glaubens erzogen worden sei. Er leugnete jedoch nicht die christliche Erziehung in seinem Elternhaus, die ihn sogar manchmal zu einer religiös-mystischen Stimmung hingeführt haben mag. So schreibt er 1799 in der Erinnerung an seine Jugend unter der Rubrik Heautobiographia:

Nicht zu vergessen, daß ich einmal die Frage: Was ist das Nordlicht? auf den *Graupner*schen Boden mit einer Adresse an einen Engel hinlegte und ganz schüchtern am anderen Morgen nach dem Zettel hinschlich. [3; L 679]

Solch eine Stimmung entspricht nicht einer strengen religiösen Erziehung im Sinne des orthodoxen Glaubens, sondern ist wohl weit eher aus der Phantasie des jungen *Georg Christoph*, verbunden mit dem schon früh geweckten Forschungsdrang, geboren. Denn in jener Erinnerung fügt *Lichtenberg* den Satz hinzu: „Wäre da ein Schelm gewesen, der den Zettel beantwortet hätte."

Da die Familie *Lichtenberg* 1745 nach Darmstadt übersiedelte, hat der junge *Lichtenberg* nur drei Jahre im Dorf Oberramstadt zugebracht. Darmstadt war die Residenzstadt des Fürstentums des Landgrafen von Hessen-Darmstadt. Der Landgraf *Ludwig VIII.*, der von 1739–1768 regierte, gehörte zu den rheinischen Fürsten, die das von Frankreich kommende Gedankengut der Aufklärung mit unterschwelliger, wenn auch nicht mit offener Sympathie betrachteten.

Der Entwicklungsstand der Landwirtschaft in Hessen-Darmstadt zeigt, daß die ökonomischen fortschrittlichen Ideen der französischen Physiokraten schon einen guten Nährboden gefunden hatten.

Johann Kaspar Riesbeck schreibt in seinem zeitgenössischen Reisebericht „Briefe eines reisenden Franzosen über Deutschland" von seinem Besuch in Hessen-Darmstadt, daß einige Bezirke an der Bergstraße und dem Odenwald für die Landwirtschaft sehr ergiebig sind, in anderen Bezirken dagegen seien die Besitzungen der Bauern nicht so reich. Doch ihr Fleiß und die „kluge und tätige Regierung" ersetzen das, was die Natur jenen reichen Gegenden vorausgegeben hat. „Die Dörfer dieses Landes sehen ungemein reinlich und munter aus", so heißt es in seinem Bericht, und er weiß von dem guten Getreide, der ungeheuren Menge Gemüse, dem guten Spargel von Darmstadt, der wegen seiner Größe und Feinheit in ganz Deutschland bekannt sei, zu erzählen. Der Holzhandel und das holzverarbeitende Gewerbe werden als weitere wichtige Wirtschaftszweige des Landes genannt. Auch das Textilgewerbe hatte einen guten Stand, es war auf die Einfuhr eines wichtigen Farbstoffes, des Krapps, nicht angewiesen, galt doch der Krapp vom Flecken Gerau als der berühmteste in diesen Gegenden.

Die Einkünfte des Landes schätzte man auf 1 150 000 rheinische

Gulden, wovon ein Teil als Tilgung alter Schulden verwendet werden mußte.

Das geistige Leben in der Residenzstadt wurde von der Aufklärung geprägt. Es waren weniger philosophische und wissenschaftliche als vielmehr Probleme der Kunst, die im Mittelpunkt des geistigen Interesses standen. *Ludwig VIII.* wandte sich hauptsächlich der Musik zu. Zu seiner Zeit wurde Darmstadt eine unmittelbare Pflanzstätte der frühdeutschen Oper, wie sie von Hamburg ausging. *Christoph Graupner* gründete und leitete die Oper in Darmstadt. Durch Komposition und Aufführung deutscher Opern erwarb er sich nicht geringen Ruhm. Nach Auflösung der Oper widmete er sich der Kirchen- und Kammermusik, auch schrieb er symphonische Werke. Als Hofkapellmeister komponierte er von 1719–1754 1300 Kirchenkantaten. In dem Vater *Georg Christoph Lichtenbergs* fand er einen den *Bach*schen Kantatendichtern überlegenen Librettisten.

Der Literatur widmete sich stärker der Erbprinz, der spätere *Ludwig IX.*, und die Landgräfin *Karoline*. Doch dieses neue geistige Darmstadt wurde vor allem in den 60er Jahren geformt. Es waren *Johann Heinrich Merck*, der Jugendfreund *Goethes* und *Herders*, *Ernst Chr. Schleiermacher* und *Peter Andreas Hesse*, der Schwager von *Herder*, die der Darmstädter geistigen Welt ein eigenes Gesicht gaben, jenes der Empfindsamkeit. In dieser Stadt wuchs *Georg Christoph Lichtenberg* auf.

Den ersten Schulunterricht erhielt er nach den häuslichen Unterweisungen in der Stadtschule, die eine Stiftung des Landesfürsten war und somit allgemeinen staatlichen Charakter trug. Sie war für die Kinder der Beamten, der Offiziere, der Besitzer von Manufakturen, also des Bürgertums, aber auch für wohlausgesuchte und begabte Kinder von Bauern eine Freischule, Schulgeld wurde nicht erhoben. Sie war keine Volksschule, sondern mehr eine Vorstufe für das fürstliche Pädagogium. Diese Schule besuchte *Lichtenberg* bis zum 10. Lebensjahr.

Noch nach Jahrzehnten gedachte er eines seiner Lehrer mit großem Behagen, nämlich des Lehrers in der Schreibkunst, Herrn *Keim*. In einem Brief für einen kleinen Paten malte er ein kalligraphisches G, wie es ihn Herr *Keim* ehemals gelehrt hatte. Der heutige Leser *Lichtenberg*scher Handschriften wird auch dieses Lehrers dankbar gedenken, denn er brachte ihm wohl diese klare, gefällige und deutliche Handschrift bei.

Von seinen Mitschülern nennt *Lichtenberg* in seinen Erinnerungen nur den Schulprimus *Schmidt*, den Sohn eines Schneiders, dem gegenüber er von einer knabenhaften Schwärmerei erfüllt war. In diesen Jahren hatte seine Gesundheit einen schweren Schaden erlitten. Wahrscheinlich war es eine rachitische Erkrankung, die in jener Zeit zu einer Verwachsung, zu einer Wirbelsäulen-Verkrümmung, führte.

Der Vater *Johann Conrad Lichtenberg* starb schon 1751. Sein Tod brachte der Familie wohl keine bittere Armut, jedoch wurde das Leben im Hause *Lichtenberg* sehr bescheiden. Auch darüber berichtet uns *Lichtenberg*:

Uber dem Studium meiner drei Brüder ist unser ganzes väterliches Vermögen hingegangen und ich habe davon nichts erhalten; ich glaube nicht, daß ich über 10 Gulden in meinem ganzen Leben empfangen habe. Ich möchte wissen, was aus dem Reinheimer Kapital geworden ist; da haben, dünkt mich, noch bei meiner Abreise tausend Gulden bei der Kirchenkasse gestanden; doch das wird meine vortreffliche Mutter, an die ich nie ohne Tränen gedenke, auch haben angreifen müssen. (Brief, 4. 10. 1790)

Das bescheidene Vermögen und die Witwenrente der Mutter bewahrten die Familie vor der Not des Lebens. Auch die älteren Geschwister halfen. Dieser Hilfe erinnerte sich *Lichtenberg* noch nach 40 Jahren dankbar. Er dachte oft an die Tage in Seeheim, wo er mit seiner Mutter bei dem älteren Bruder und dessen Familie zu Besuch weilte. Besonders war es die Frau des Bruders, die sich um *Georg Christoph* sorgte, damit er trotz seiner körperlichen Gebrechen nicht den Frohsinn jugendlicher Vergnügungen zu missen brauchte, denn seine Verwachsenheit spielte für ihn selbst eine große Rolle. Sie läßt ihn in seiner Studienzeit und innerhalb seines späteren Arbeitsbereiches in Göttingen trotz des geselligen Kreises um ihn immer einsam bleiben und ist auch der Grund zu seiner Pusillanimität[1]), wie er seine Krankheit nennt. Über seinen kränklichen Zustand notierte er einmal:

Ich sehe die ganze Welt als eine Maschine an, die da ist, um mich mein Leiden und meine Krankheit auf alle mögliche Weise fühlen zu lassen. Ein pathologischer Egoist! Es ist ein höchst trauriger Zustand. Hier muß ich sehen, ob noch Kraft in mir ist, ob ich dieses überwältigen kann, wo nicht, so bin ich verloren. Allein, diese Krankheit ist mir schon zur andern Natur geworden. Wenn mir nur eine Arzney das erste Differential von

[1]) Kleinmut.

Stoß gäbe! *Pusillanimität* ist das rechte Wort für meine Krankheit; aber wie nimmt man sich die? Dieß zu lehren, würde Ehrensäulen verdienen. [1; Bd. 1, S. 29]

Durch den Besuch der Stadtschule und des Darmstädter Pädagogiums, in das er 1752 eintrat, wurde das Interesse *Lichtenbergs* an den naturwissenschaftlichen Fächern nicht wesentlich gefördert, denn jene Schulen waren Gelehrtenschulen alten Stils, in denen Verbalwissen vermittelt wurde. Einige Neuerungen, die den Bedürfnissen des Bürgertums entsprachen, z. B. der Mathematikunterricht innerhalb des Kurses für Philosophie, der Unterricht in der Geographie, in Historie, in der Rede- und Dichtkunst u. a., gingen über die Vermittlung allgemeiner Elementarkenntnisse nicht hinaus. Das aber konnte den Wissensdrang *Lichtenbergs* nicht befriedigen. So studierte *Georg Christoph* die zum erstenmal 1758 erschienenen „Anfangsgründe der Mathematik" des Göttinger Professors *A. G. Kästner* und erteilte danach seinen Mitschülern Unterricht. Wie stark sein Interesse an der Mathematik war, zeigte auch das von ihm selbst gewählte Thema einer Schulrede in der Selekta: „Wie sehr das Studium der Mathematik zur wahren Förderung der menschlichen Erkenntnis beiträgt".

Neben der Mathematik interessierte sich *Georg Christoph* sehr stark für die Stern- und Himmelskunde. *Lichtenberg* muß bedeutende Kenntnisse des Sternenhimmels in seiner Jugend besessen haben. Er sagt einmal später von dieser Zeit, er habe in seiner Jugend die Sternbilder besser gekannt als jetzt, da er Professor sei.

Über Mathematik, allgemeine Naturlehre und Astronomie hinaus befaßte er sich mit verschiedenen Problemen des wissenschaftlichen Denkens, die sich in der Entwicklung der Aufklärung zeigten. So widmete er z. B. den Arbeiten *Hugo Grotius'* eine Lobrede.

Lichtenberg konnte sich auch nicht der großen Wirkung der durch *Fr. Gottlieb Klopstock* beginnenden neuen Epoche der deutschen Literatur verschließen. Mit *Klopstocks* „Messias", vor allem aber mit seinen Oden – 1750 erschien z. B. die Ode „Mein Vaterland" –, bahnte sich ein erster Höhepunkt in der klassischen deutschen bürgerlichen Dichtung an. Es war der Beginn einer national empfindenden Dichtung großen Stils. Ihr patriotisches Pathos begeisterte besonders die Jugend. Auch *Lichtenberg* las die ersten Gesänge des „Messias", und die große Dichterschaft, die sich darin offenbarte, die neue Dichtersprache, der Rhythmus, die Formgebung der eigenen Gefühle und Leidenschaften – das alles riß den Jüngling mit und veranlaßte ihn, Gedichte in dieser Art zu schreiben. Im ersten Gedicht beschrieb er den Küchengarten. Rückblickend notierte er 1769:

... Mein erstes Jucken, wenn ich vom ersten Vers der Messiade zu zählen anfange, fiel in das sechste Jahr des deutschen Hexameters und ohngefehr in das vierzehnte, wenn ich mit meiner Geburt anfange. Es ist dieses eine etwas kützliche Zeit, und Eltern und Lehrer haben gnau acht zu geben auf ihre Kinder. Ich will daher beschreiben was ich in mir fühlte, man wird leicht erachten können wie jemand aussehen muß, der dieses fühlt. Ich fand die Sprache in unserer Familie etwas zu plan, und vermißte hier und da die Beywörter und fühlte mich so voll wenn ich welche fand, zumal ich sie selbst gemacht hatte pp. [3; B 128]

Mit dem Aufblühen der deutschen Literatur, mit dem revolutionären Beginn der neuen Epoche wurde *Lichtenbergs* Interesse für die Literatur geweckt. Seine sich nun entwickelnde schriftstellerische Tätigkeit sah *Lichtenberg* selbst nicht nur als eine individuelle Beschäftigung an. Die Bedeutung der Literatur als eine wirksame Waffe gegen die herrschende Ordnung für den Kampf um das Neue erkannte er schon zu Beginn seiner Studienzeit in Göttingen (1763 bis 1767), durch die er stärker als in den Jugendjahren in Darmstadt in die Auseinandersetzung mit den herrschenden Verhältnissen einbezogen wurde.

... kurtz (gestrichen anno 1763) in diesem Frühling für die deutsche Litteratur, wo so viele Dinge keimten, die jezto groß und starck sind, da keimten auch auf meinem Schreibpult allerley Gedanken, Pläne zu Entwürfen und Projekte zu Projekten ... [3; B 110, Anh.]

So begannen *Lichtenbergs* erste literarische Auseinandersetzungen schon in seiner Jugend. Niemals legte er die streitbare Feder aus der Hand. Jedoch hat er dabei bestimmte Grenzen nicht überschritten. Er ist immer in der Sphäre der geistigen Auseinandersetzung geblieben und hat in den praktischen Kampf nicht eingegriffen.
Als *Lichtenberg* 1761 das Pädagogium zu Darmstadt absolviert hatte, war es ihm nicht möglich, sofort die Universität zu besuchen. Die finanzielle Situation der Familie ließ es nicht zu. Zwei seiner Brüder studierten noch zu jener Zeit, und die Mutter konnte die Kosten für das Studium des dritten Sohnes, *Georg Christoph,* nicht aufbringen. Im August 1762 wandte sie sich in einem Gesuch an den

Landgrafen *Ludwig VIII.* von Hessen mit der Bitte um Unterstützung für das Studium ihres jüngsten Sohnes.

In diesem Antrag stellte die Mutter den festen Vorsatz *Georg Christophs* heraus, sich ganz allein der Philosophie, besonders aber der gemeinen und der höheren Mathematik zu widmen und daß die Hoffnung begründet ist, daß er dereinst seinem Vaterlande auf eine wahre Art nützlich werden könne.

Diesem Gesuch, das die einzelnen Stellen der hessischen Landesregierung befürwortet hatten, wurde vom Landgrafen stattgegeben. Aber erst ein Jahr später, 1763, konnten dem jungen *Georg Christoph Lichtenberg* jährlich 100 Gulden als Unterstützung des Studiums zur Verfügung gestellt werden. Die hessische Regierung verfolgte damit die Absicht, den jungen *Lichtenberg* nach seinem Studium als Professor in Gießen oder als Ingenieur der Uferbefestigungen des Rheins einzusetzen.

So verließ *Georg Christoph Lichtenberg* in den ersten Tagen des Mai 1763 seine Heimat, um mit dem Studium im norddeutschen Göttingen zu beginnen. Niemals führte ihn der Weg wieder in sein hessisches Heimatland zurück.

2. LICHTENBERGS STUDIENZEIT IN GÖTTINGEN

Durch die Übersiedlung nach Göttingen lernte *Lichtenberg* die ökonomischen und politischen Verhältnisse und das geistige Leben eines anderen der vielen deutschen Staaten kennen. Es scheint, als habe er auch sogleich die Möglichkeiten gesehen, die der Wissenschaft für ihre Entwicklung in Hannover geboten urden.

Im Gegensatz zu der Entwicklung der meisten deutschen Staaten war es in Hannover nicht zur Herausbildung des Absolutismus gekommen. Seit 1714 war der Kurfürst von Hannover König von England *(Georg I.)* und Hannover mit England durch Personalunion verbunden.

Die Außenpolitik Hannovers wurde von England geleitet, die Innenpolitik des Landes blieb dem Adel überlassen. Wohl begünstigte die Abwesenheit des Landesherrn die politische Stellung der Stände, die dadurch ihre Rechte wahren konnten. Doch gleichzeitig wurde in der Verwaltung des Landes der Einfluß des unabhängigen, nicht an die Stände gebundenen Adels immer stärker. Dieser Teil des Adels, der sog. Hofadel, besaß keine politischen Erbrechte, war daher nicht an die feudalen Produktionsverhältnisse gebunden, sondern gewillt, die progressive Entwicklung der Produktivkräfte zu unterstützen, die Erkenntnisse der Wissenschaften, die Ideen der fortschrittlichen bürgerlichen Denker und die Forderungen des Bürgertums im öffentlichen Leben des Landes zu verwirklichen. So mußten z. B. für das Oberappellationsgericht in Celle, das vom Adel geleitet wurde, die einzelnen Landschaften die Hälfte der zu wählenden Räte aus dem Bürgertum benennen. Vor allem begannen nach dem Siebenjährigen Krieg unter der Leitung des Ministers und Kammerpräsidenten *Gerlach A. v. Münchhausen* ernsthafte Bemühungen zur Hebung der Produktion.

Unterstützt durch merkantilistische staatliche Maßnahmen zeigte der wichtigste Zweig der gewerblichen Produktion in Hannover, die Leinenweberei, bald einen bedeutenden Aufschwung. Vor allem entwickelte sich die Garnspinnerei sehr schnell. Der Charakter der groben Leinwandproduktion glich dem einer nicht an die Zunft gebundenen einfachen Warenproduktion. Der Grund für diese Produktionsform lag darin, daß die Bauern den Flachs selbst anbauten, verspannen und webten. Hinzu kam, daß sie über einen Teil der

Einnahmen durch ihre landwirtschaftlichen Besitzungen selbst verfügen konnten.

Gegenüber dem Aufschwung in der Leinenindustrie blieb die Produktion des Harzer Bergbaues geringfügig. Da die Erze und die Fertigwaren zu niedrigeren Preisen und in besserer Qualität aus England kamen, war niemand an dem Ausbau der Bergwerke in Goslar, Zellerfeld und Clausthal interessiert. Die Einnahmen dieses Produktionszweiges gingen sogar zurück.

Große Aufmerksamkeit schenkte dagegen die hannoversche Regierung der ökonomischen Entwicklung der Gebiete an der Nordsee. Das Fischereiwesen erhielt große Unterstützungen, hauptsächlich wurde die Entwicklung des Walfanges gefördert. Viele neue Deiche wurden gebaut. Das Bemühen um den wirtschaftlichen Aufschwung des Landes zeigt sich auch in dem immer stärker werdenden freien Handel, der von seiten des Staates sehr gefördert wurde.

Mit dieser Entwicklung bildeten sich auch die Bedingungen für die kapitalistische Entwicklung der Landwirtschaft heraus. Der Staat begann u. a. die Abgaben der Bauern zu regeln. Dadurch verloren die Grundherren das Interesse an der Zeitpacht. Es begann der Umwandlungsprozeß in die Erbpacht, und es entwickelte sich der Meiereibesitz. Gleichzeitig ging auch die Umwandlung der Natural- in Geldabgaben vor sich. Hinzu kommt, daß die Forderungen nach dem Abschütteln der feudalen Lasten immer stärker wurden. Auch war Hannover das erste Land in Deutschland, in dem die Uberreste der alten Feldgemeinschaft aufgehoben wurden (Gemeinheitsteilung). Trotz dieser progressiven Entwicklung blieb das Bürgertum ökonomisch schwach und unselbständig. Es konnte der herrschenden Feudalklasse nicht entgegenwirken und war auch nicht imstande, ein echter Verbündeter der Bauernschaft zu sein. Dennoch waren in Hannover gegenüber den anderen deutschen Staaten die objektiven ökonomischen und politischen Bedingungen für die Gründung und Entwicklung einer Universität vorhanden, die den sich entwickelnden Wissenschaften, dem Gedankengut der Aufklärung eine Pflegestätte war, an der sich die neuen Ideen entfalten konnten. Die preußische Universität Halle wurde diesen Anforderungen nicht mehr in vollem Umfange gerecht.

Göttingen sollte nach den Plänen und Entwürfen bedeutender Männer, zu denen *Gerlach A. v. Münchhausen* als Kurator, *Joh. Lorenz v. Mosheim* aus Helmstedt, *J. Henning Böhmer* aus Halle und

D. Georg Strube aus Hildesheim gehörten, eine Universität von allgemeiner Bedeutung sein und nicht nur dem Landesinteresse dienen.
Neben der 1737 gegründeten Georg-August-Universität zu Göttingen war es die Göttinger Gesellschaft der Wissenschaften, gegründet 1750, die Göttingen zu einer Pflegestätte der fortschrittlichen Ideen der Aufklärung werden ließ. Keine absolutistische Engstirnigkeit setzte den Entwicklungsmöglichkeiten der Wissenschaft enge Grenzen. Die Ausbildung der Studenten geschah nicht in den herkömmlichen Schemata, in den alten Schulgelehrtenmethoden, sondern neue Gedanken und Methoden befruchteten die Wissenschaft. Der in Halle durch *Thomasius* begonnene Kampf gegen die Weltabgewandtheit des Studiums und der Gelehrten wurde hier fortgesetzt. Die Wissenschaft sollte dem Leben dienen, und mit ihrer Hilfe sollten Männer ausgebildet werden, die sich in der Welt und in ihren Geschehnissen auskannten – keine Pedanten.

Abb. 3. Das Gebäude der Göttinger Universität. Im ersten Stock befindet sich die Bibliothek, rechts sind einige Professorenwohnungen (Stich von *G. D. Heumann* aus dem Jahre 1747)

Mit den aufgezeigten Zielen in der Forschung und Lehre erhielt auch der Stand der Gelehrten eine neue Würde. Den Professoren und Dozenten wurde eine gesicherte Stellung geboten, und es wurden auch solche Bedingungen geschaffen, die eine Entfaltung ihrer wissenschaftlichen Tätigkeit möglich machten. Ein Dozent brauchte z. B. nicht mehr viele Fächer nebeneinander zu lehren. Er konnte sich auf einige Hauptprobleme konzentrieren.

Bei der Entwicklung der neuen Universität darf jedoch nicht der von England kommende Einfluß progressiver Ideen übersehen werden. Wie den Wissenschaften in England von staatlicher Seite her keine Begrenzungen oder Bevormundung auferlegt wurden, so unterstanden die Arbeiten und Veröffentlichungen der Dozenten und Professoren der Göttinger Universität auch nicht der staatlichen Kontrolle. Das ist zu jener Zeit etwas Neues im geistigen Leben Deutschlands. Kurhannover war das einzige Land, das seinen Gelehrten Pressefreiheit gewährte. Im Fürstentum Braunschweig dagegen, das wohl der Kurwürde Hannovers unterstand, aber selbständig verwaltet und regiert wurde, entzog man *Lessing* die gewährte Zensurfreiheit.

Der Einfluß der progressiven Ideen, die von England kommend nach Hannover übergriffen, machte sich auch darin bemerkbar, daß der theologischen Fakultät das althergebrachte Oberaufsichtsrecht über die anderen Fakultäten zum ersten Male in Deutschland nicht mehr zugesprochen wurde. Die gesamte wissenschaftliche Arbeit an der Universität wurde aus der mittelalterlichen Abhängigkeit von der Religion befreit. Die theologische Fakultät war eine Fakultät neben den anderen. Ihre Professoren traten selbst gegen die orthodoxe Theologie auf und waren oftmals als Wissenschaftler eines Fachgebietes bekannter als durch ihre theologische Lehrtätigkeit. So war z. B. *Joh. David Michaelis* der bedeutendste Orientalist seiner Zeit.

Auch für den großen Aufschwung, den die Staats- und die Geschichtswissenschaften in Göttingen nahmen, waren die mit der ökonomischen und politischen Entwicklung Englands verbundenen fortschrittlichen gesellschaftlichen Ideen des englischen Bürgertums eine bedeutsame Quelle. Die zukünftigen Staatsmänner erhielten nicht nur juristische Vorlesungen, wie es bisher üblich war, sondern wurden in den Staatswissenschaften ausgebildet, die weit über die „platt gewordenen Cameralien" aus der Zeit *Friedrich Wilhelms I.* hinausreichten. Dazu gehörten die Volks- und Staatswirtschaftslehre sowie die der „Privatwirtschaft" und die Technologie.

Nach dem Siebenjährigen Krieg begann sich das wissenschaftliche Leben an der Universität voll zu entfalten, und zu dieser Zeit nahm

Georg Christoph Lichtenberg sein Studium dort auf. Am 21. 5. 1763 immatrikulierte er sich als „Mathematum et Physices Studiosus“ an der Georgia Augusta. Das Studium, die Arbeit und das Leben an der Universität nahmen *Lichtenberg* von nun an völlig gefangen, und die kleine Stadt Nordwestdeutschlands wurde ihm zu seiner zweiten Heimat.

Im Herbst des gleichen Jahres kam auch sein Bruder *Ludwig Christian* nach Göttingen, der sein in Halle begonnenes Studium hier abschließen wollte. Die Brüder blieben aber nur ein Semester zusammen. Dann erhielt *Ludwig Christian* eine Stellung im Archiv des Herzogs von Gotha.

Die Hauptvorlesungen hörte *Lichtenberg* bei Professor *A. G. Kästner*, dem Lehrer *Lessings* während dessen Leipziger Studienzeit. *Kästner* lehrte reine und angewandte Mathematik, Analysis, Astronomie, Physik und Philosophie. *Lichtenberg* hat in ihm immer seinen eigentlichen Lehrer gesehen und sich seiner stets dankbar erinnert. Die dankbare Gesinnung *Kästner* gegenüber bewahrte sich *Lichtenberg* auch in all den späteren Jahren der Zusammenarbeit, die oftmals durch *Kästners* unfreundliches Verhalten erschwert wurde, er war durch seine Launenhaftigkeit und durch seine bissigen Epigramme gefürchtet.

Zu den Lehrern *Lichtenbergs* gehörte auch *Christian Wilhelm Büttner*, der als erster Gelehrter an einer deutschen Universität Naturgeschichte las. *Lichtenberg* erhielt von ihm manche Anregung. *Büttner* vertrat u. a. den Entwicklungsgedanken und versuchte, ihn den Studenten bewußt werden zu lassen, indem er sie durch seine Naturalien-Sammlung führte. Davon angeregt beschäftigte sich *Lichtenberg* während seines Studiums mit Problemen der Entwicklungsgeschichte im Tierreich und der Erde. Er las zu jener Zeit die „Kosmologischen Briefe“ von *Joh. Heinrich Lambert* und kannte dessen „novum organon“. In die gleiche Zeit fiel auch *Lichtenbergs* Studium der Arbeiten *Immanuel Kants*, dessen Kosmogonie er als das „wahre System der Welt“ bezeichnete.

Die Vorlesungen über Physik hörte *Lichtenberg* bei Professor *Samuel Christian Hollmann*. Das waren nicht nur theoretische Vorlesungen, sondern *Hollmann* zeigte auch Experimente, die aber mehr illustrativen Charakter besaßen, als daß sie dazu dienten, Naturgesetze zu beweisen.

Ich habe die berühmten *Hollmann*schen Versuche mehr als einmal gesehen, durch die der sonst gute Mann beweisen wollte, daß der Heber im Vacuo laufe. [7; Bd. 2, S. 163]

Angewandte Mathematik hörte *Lichtenberg* bei Professor *Albrecht Meister*, bei dem er auch Kurse über das Bauzeichnen belegte. Dieser Lehrer wurde ihm zu einem guten Freund.

Das Interesse für die naturwissenschaftlichen Fächer ging bei *Lichtenberg* schon während seiner Studienzeit weit über das allgemein übliche Maß hinaus. Durch seinen Eifer, seine Kenntnisse und Fähigkeiten zog er die Aufmerksamkeit seiner Lehrer auf sich. *A. G. Kästner* nahm sich des jungen Studenten *Lichtenberg* freundschaftlich an. Er erkannte seine Begabung, sein Talent und übertrug ihm schon während des Studiums astronomische Beobachtungen. Als Leiter der Sternwarte berichtete *Kästner* am 25. April 1766 im Hannoverschen Magazin:

Den 8. April heiterte es sich zuerst etwas auf, und ich erhielt die erste Nachricht, daß ein Komet zu sehen wäre, von Herrn *Lichtenberg*, der sich hier mit glücklichem Eifer auf die Mathematik gelegt ...

Auch das Erdbeben vom 12./13. April 1767 beobachtete *Lichtenberg*. Diesmal arbeitete er mit seinem Freunde *Erxleben* zusammen:

Von einem hier bemerkten, ziemlich starken Erdbeben haben wir die Nachricht zweier hier Studierender, Hr. *Erxleben* und Hr. *Lichtenberg*, erhalten, aus denen wir jetzt das Wesentliche in einem Auszug mitteilen wollen ...

so schreibt *Kästner* in den „Göttingschen Anzeigen von Gelehrten Sachen" am 27. April 1767.

In dem Zeugnis, das *Kästner* dem hessischen Staatsminister *von Riedesel* im August 1764 über die Arbeiten und das Studium *Lichtenbergs* sandte, wird vor allem hervorgehoben:

Sein eigener Fleiß aber übertrifft fast, was man sonst an eigenem Fleiße auf Akademien zu erwarten gewöhnt ist ... Ich zweifle nicht, daß seine Bemühungen einmal durch eine nützliche Verbindung gründlicher theoretischer Einsichten mit großen praktischen Geschicklichkeiten sehr viel Vorteile bringen werden. [26; S. 44]

Kästner unterstreicht dann noch, daß *Lichtenberg* sich eingehend mit den „schönen Wissenschaften, den neueren Sprachen, der Dichtkunst" beschäftigt habe und darin viel Geschicklichkeit besitze.

Außerhalb seines Fachstudiums besuchte *Lichtenberg* die Vorlesungen des Historikers Professor *Johann Christoph Gatterer.* Neben seinem Bruder *Ludwig Christian, Polykarp Erxleben, Eymes* und *Johannes Müller* war auch *Georg Christoph Lichtenberg* einer der Studenten, die seit der Gründung der „Historischen Akademie" (dem späteren Institut der historischen Wissenschaften) angehörten. Er arbeitete drei historische Themen aus, von denen die am 30. Januar 1765 gehaltene Abhandlung „Uber die Charaktere in der Geschichte" die bedeutendste Arbeit war.

Lichtenberg zeigte auch ein nicht unbedeutendes Interesse an philosophischen Problemen. Vorlesungen dieser Art hörte er bei *Kästner.* In diesen Vorlesungen, von denen *Lichtenberg* nicht den besten Eindruck hatte, stand die Philosophie von *Leibniz* im Mittelpunkt, denn *Kästner* gehörte zu den bedeutendsten Vertretern der *Leibniz*schen Schule.

Durch die Vorlesungen angeregt, beschäftigte sich *Lichtenberg* mit den Werken und Ansichten *Leibniz'.* Er achtete in *Leibniz* den bedeutenden Philosophen und Naturforscher, studierte seine philosophischen Arbeiten und exzerpierte sie. Obgleich er *Leibniz* den „großen Weltweisen" oder den „Wahrheitsforscher" nannte, stand er ihm kritisch gegenüber. Er stimmte dem Rationalismus nicht zu. Zwar wurde die mathematische Methode, das rationale Denken, von *Lichtenberg* als eine wichtige, bestimmte Form der Erkenntnis anerkannt, aber nicht zur einzigen Methode gemacht. Mit seinem Artikel „Von dem Nutzen, den die Mathematik einem Bel Esprit[1]) bringen kann" reihte sich *Lichtenberg* in die Reihe der Autoren ein, die versuchten, die mathematische Methode auf andere Gebiete der Wissenschaft und des Lebens zu übertragen, wie es z. B. auch sein Lehrer *Kästner* tat.

Das Abrücken vom Rationalismus zeigte sich bei *Lichtenberg* z. B. in seiner kritischen Stellung zu *Leibniz'* Idee einer Universalsprache auf philosophischer Grundlage. Diesem Gedanken ging *Lichtenberg* zuerst wohl nach, indem er versuchte, eine allgemeine Charakteristik und Ordnung der Sprache zu finden. Doch er stieß dabei auf Schwierigkeiten und fand eine Begründung für die Unmöglichkeit der Verwirklichung der Idee *Leibniz'. Lichtenberg* erkannte, daß die

---

1) Damit bezeichnete man einen Menschen, der für sich in Anspruch nahm, mit Hilfe seines Geistes und seiner Denkmethoden die Welt begreifen zu können.

Sprache nicht nur aus abstrakten Begriffen besteht, die entsprechend einer bestimmten Ordnung nebeneinandergestellt werden können. Durch die Sprache wird nicht nur das Wesen der einzelnen Dinge, sondern auch ihre Verwandtschaft und ihre Veränderung ausgedrückt.

Eine Sprache, die allemal die Verwandtschafft der Dinge zugleich ausdrückte, wäre für den Staat nützlicher als *Leibnizens* Charakteristik. Ich meine solche wie zum Exempel Seelsorger statt Prediger. Dummkopf statt Stutzer, Wassertrinker statt Anakreontischer Dichter. [3; A 56]

Die Sprache war für *Lichtenberg* etwas Lebendiges, was sich entwickelt hat und auf natürlichem Weg entstanden war.

Die Sprachen geben daher keine schwachen Kennzeichen von dem Charakter einer Nation ab. [3; E 39]

Zur lebendigen Sprache gehöre aber nicht nur der Begriff, sondern auch der Laut, der Ton, der von dem Gefühl des Menschen bestimmt wird.

Die wahre Bedeutung eines Wortes in unserer Muttersprache zu verstehen bringen wir gewiß offt viele Jahre hin. Ich verstehe auch zugleich hier mit die Bedeutung, die ihm der Ton geben kann. Der Verstand eines Wortes wird uns, um mich mathematisch auszudrücken, durch eine Formel gegeben, worin der Ton die veränderliche und das Wort die beständige Größe ist. Hier eröffnet sich ein Weg, die Sprachen unendlich zu bereichern, ohne die Worte zu vermehren. [3; A 89]

Wie die natürlich entstandene lebendige Sprache des Volkes [3; F 516], so war für *Lichtenberg* das gesamte Leben – auch die Wissenschaft und ihre Methode – der Zusammenklang zwischen der rationellen Erkenntnis und dem Emotionalen. Unter den Aufzeichnungen, die er während seiner Studienzeit niederschrieb, sind immer wieder solche zu finden, die die Rolle und die Bedeutung der Erfahrung, der Sinnesorgane für die Erkenntnis und für das Verhalten im Leben umreißen. So notierte er:

Nicht da seyn heißt bey den Naturforschern, wenigstens bey einer gewissen Classe, so viel als nicht empfunden werden. [3; A 118]

Sey aufmerksam, empfinde nichts umsonst, messe und vergleiche; dieses ist das gantze Gesetz der Philosophie. [3; A 121]

Zu seinen Freunden gehörte *Joh. Christian Polykarp Erxleben* aus Quedlinburg – der Sohn der damals sehr berühmten ersten Ärztin,

Dorothea Christiane Erxleben, geb. *Leporin,* die 1754 in Halle zum Dr. med. promoviert war – und der Schwede *Jöns Mathias Ljundberg. Erxleben* war jahrelang *Lichtenbergs* Hausgenosse und vertrauter Duzbruder, und in *Ljundberg* fand *Lichtenberg* einen gleichstrebenden vertrauten Freund im Fachstudium, vor allem in der Astronomie. Alle drei Freunde arbeiteten unter *Kästners* Anleitung in der Göttinger Universitätssternwarte, beobachteten den Himmel und u. a. auch das Erdbeben in der Nacht vom 12. zum 13. April 1767.

Abb. 4. Die Sternwarte in Göttingen

Wohl schon zu Beginn seiner Studienzeit, jedoch spätestens in der Zeit, als er die Seminare des „historischen Institutes“ belegt hatte – also Ende 1764 oder Anfang 1765, begann *Lichtenberg* täglich seine Betrachtungen über die verschiedenen Gegenstände und Ereignisse in einem Heft festzuhalten. Diese Gewohnheit behielt er bis zu seinem Lebensabend bei. Anstatt kleiner Hefte benutzte er später feste Bände. Anfänglich schrieb er seine Gedanken nacheinander auf. Mathematisch-Physikalisches stand inmitten von Bemerkungen über Literatur oder sonstige Ereignisse. Doch bald schied er das Fachwissenschaftliche, was sich bei ihm auf die gesamte Naturlehre bezog – auch auf biologische, chemische und philosophisch-erkenntnistheoretische Probleme –, von dem Allgemeinen. Er spricht selbst von seinem „Gedankenbuch“ oder „Hausbuch“ oder gar vom „gelehrten Hausbuch". Er nennt diese Aufzeichnungen auch „Sudelbuch" oder „Schmierbuch", auch „Mein Hausbuch, in welches ich meine kleine Geisteseinnahme pfennigweise täglich einzutragen pflege". [7; Bd. 2, S. 256]

Lichtenberg bezeichnet seine Methode beiläufig als Gelegenheitsdenken. Er hat einfach Bemerkungen niedergeschrieben, die ihre Existenz dem Zufall, einem augenblicklichen Einfall zu verdanken haben. Diese „Pfennigwahrheiten" trug er regellos ein. Sie waren durch kein System geordnet. Doch die Chronologie aller Merkhefte[1]) spiegeln einen Reifeprozeß wider. *Lichtenberg* erkannte wohl immer stärker, daß mit seinen Bemerkungen, seinen Eintragungen etwas Einmaliges, Unwiederholbares entstand. In den späteren Jahren feilte er stärker daran. Doch das tat er nicht mit dem Ziel, sie zu publizieren, sondern vielmehr als Übung, seinen Gedanken klar und prägnant zu formulieren.

Lichtenberg versuchte auch eine Begründung für diese Methode seiner geistigen Arbeit zu geben. Im Juli 1775, während einer Englandreise, verglich er seine Merkbücher mit den Handelsbüchern der Kaufleute:

Die Kaufleute haben ihr Waste book (Sudelbuch, Klitterbuch glaube ich, im Deutschen heute heißt es Kladde); darin tragen sie von Tag zu Tag alles ein, was sie verkaufen und kaufen, alles durcheinander ohne Ordnung. Aus diesem wird es in das Journal getragen, wo alles mehr systematisch steht. Und endlich kommt es in den ledger at double entrance[2]) nach der italienischen Art Buch zu halten ... Dieses verdient von den Gelehrten nachgeahmt zu werden. Erst ein Buch, worin ich alles einschreibe, so wie ich es sehe oder wie es mir meine Gedanken eingeben; alsdann ... ein anderes, wo die Materien mehr abgesondert und geordnet sind. ... [3; E 46]

In einem Sudelbuch können die Einfälle, die man hat, mit aller der Umständlichkeit ausgeführt werden, in die man gewöhnlich verfällt, solang einen die Sache noch neu ist. Nachdem man bekannter mit der Sache wird, so sieht man das Unnötige ein und faßt es kürzer. [3; E 149]

Lichtenberg fehlt es nicht an dem reichen Fleiß der Gedanken und Einfälle. Bei allen Themen, die er in persönlicher Art und von dem Zeitinteresse her wählt, treten seine besonderen Fähigkeiten schon in den ersten Merkbüchern deutlich zutage: die Gabe des scharfen

[1]) Da *Lichtenberg* seine niedergeschriebenen Einfälle und Bemerkungen nicht als Aphorismen publizieren wollte, bezeichne ich seine Eintragungshefte als Merkhefte und nicht als Aphorismenbücher.

[2]) Hauptbuch der doppelten Buchführung.

Beobachtens, ungewöhnliche Sensibilität, klares Denken. Das alles vereint sich in ihm mit einer scheinbaren Leichtigkeit des Assoziierens, mit einer Entdeckerfreude von Neuem und mit einem Aufspüren der Probleme. Doch gleichzeitig ist ihm die Korrektur falscher oder unklarer eigener Meinungen nicht fremd.
In diesen ersten Merkbüchern kristallisierten sich auch schon die Themen heraus, denen er als Zeitgenosse der Aufklärung ein Leben lang nachgeht – außer den naturwissenschaftlichen.
Im Mittelpunkt stehen für ihn all die Probleme, die den Menschen berühren. *Lichtenberg* wurde sowohl von seiner Zeit, in der das Wort des englischen Schriftstellers *Alexander Pope*, das Studium des Menschen sollte erstes Anliegen in den Romanen sein, beinahe bis zum Überdruß wiederholt wurde, als auch von seinem persönlichen Erleben – als verwachsener Mensch war er immer ein Außenseiter – zum Nachdenken über das Wesen und Tun des Menschen angeregt. Der Gedanke *Wielands*, den er im Vorbericht seines „Agathon" niederschrieb, die Schriftsteller neigen sich „dem wirklichen Menschen als Individualcharakter oder als Typus" zuzuwenden, schien auch *Lichtenberg* für seine Aufzeichnungen Anregung gegeben zu haben. Wollte doch auch er in seiner Studentenzeit einen Roman schreiben. Die tragende Gestalt sollte ein Alchimist sein, die Alchimie war ihm eine Donquichotterie. Doch diesen Plan hat er niemals verwirklicht.

Ein solcher Roman würde zugleich ein Roman für Europa werden. Allein ich fand es doch schwer, dem Ganzen hinlängliches Interesse zu geben, und ich habe mich also auf einen so ungewissen Erfolg hin nicht überwinden können, die fürchterliche Sprache zu studieren, die gemeiniglich diese Leute sprechen. [1; Bd. 5, S. 92]

Der Mathematiker und von *Lichtenberg* verehrte Lehrer *Kästner* hat die Begabung des jungen Studenten früh erkannt und hat offenbar schon in den ersten Studienjahren daran gedacht, ihn für die akademische Laufbahn zu gewinnen. Er unterstützte ihn und übertrug ihm früh wissenschaftliche Arbeiten.
Lichtenbergs Leben während des Studiums war durch eine äußerliche Dürftigkeit gekennzeichnet. Ein Jahr nach seiner Ankunft in Göttingen starb die so sehr geliebte Mutter. Er verlor ihre Hilfe und finanzielle Unterstützung. Das Stipendium reichte nur für das Notwendigste. So las er Korrekturen für Buchdrucker, fertigte Verse auf Bestellung, gab Privatstunden und repetierte mit wohlhabenden

Studenten. Doch all diese Schwierigkeiten konnten seine Aufgeschlossenheit gegenüber dem Leben nicht verschütten. Ein guter Freundeskreis ließ ihn die Freude geistiger Streitgespräche, die fröhlichen Stunden jugendlicher Gemeinsamkeit erleben.

Zu den Freunden und Bekannten gehörten auch *Georg Simon Klügel, Johann Ludwig Friedrich Dietz, Friedrich Maximilian Moors, Goethes* Jugendfreund, und *Joh. Christian Kestner.* Mit einigen dieser Studienfreunde blieb er im ständigen Briefwechsel.

Die Studienzeit war nicht ausschließlich von der Wissenschaft ausgefüllt. Die Fröhlichkeit, die Freude, ja auch der Wein kamen nicht zu kurz. Er schreibt darüber: „... Ein par dumme Streiche im August 1765 hätte ich weniger machen sollen." [3; B 253] Und ins Stammbuch des Freundes *Erxleben* schrieb er:

Ein Freund, der nie von Eigennutz gelenkt,
Die Pflichten übt, die *Lessing* selbst nur denkt;
Der, wenn die Erde bebt und alle Gläser sinken,
Mich standhaft lehrt, den Wein aus Tassen trinken;
Der goldne Narrn verlacht und Bettelnde beweint,
Ein solcher Freund, das heißt ein wahrer Freund.

Doch auch die Frauen prägten in ihm tiefe Erlebnisse während seiner Studienzeit. Die Beziehungen zu den Göttinger „Aufwärterinnen", so hießen die Stubenmädchen in den Studentenquartieren, öffneten ihm eine neue Welt. Jedoch wußte *Lichtenberg* um das Maß dieses Erlebens. Seine körperlich, nervlich und psychisch zarte Konstitution ließ ihn nach den Erlebnissen im August 1765 und Februar 1766 sagen:

Genug für mich, ich werde diese Zeit allezeit für den Mittelpunkt der Vergnügungen meines Lebens ansehen. [3; B 152]

Das Leben in Göttingen nahm *Lichtenberg* in seiner Vielfalt tief in sich auf. Zurückblickend schrieb er über seine Studienzeit:

Ich habe das Glück gehabt 6 Jahr in einer Stadt in Deutschland zu leben, wo vielleicht die meisten der deutschen Original-Genies beisammen leben, ... ich habe die meisten genau gekannt, oder wenigstens allezeit Gelegenheit genug gehabt, was ich aus Mangel eines genügsamen Umgangs verlor, durch andere Züge zu ersetzen, ... [3; B 22]

Ein großer Fehler bei meinem Studieren in der Jugend war, daß ich den Plan zum Gebäude zu groß anlegte. Die Folge war, daß ich die obere

Etage nicht ausbauen konnte, ja ich konnte nicht einmal das Dach zubringen. Am Ende sehe ich mich genötigt, mich mit ein paar Dachstübchen zu begnügen, die ich so ziemlich ausbaute; aber verhindern konnte ich doch nicht, daß es mir bei schlimmen Wetter nicht hinein regnete. [1; Bd. 1, S. 34]

An einer anderen Stelle bemerkte er:

Ich hatte in meinen Universitäts-Jahren viel zu viel Freiheit, und leider etwas überspannte Begriffe von meinen Fähigkeiten und schob daher immer auf, und das war mein Verderben. In den Jahren 1763 bis 1765 hätte ich müssen angehalten werden, täglich wenigstens sechs Stunden, die schwersten und ernsthaftesten Dinge zu treiben (höhere Geometrie, Mechanik und Integral-Rechnung) so hätte ich es weit bringen können. Auf einen Schriftsteller habe ich nie studiert, sondern blos gelesen, was mir gefiel, und behalten, was sich meinem Gedächtniß gleichsam ohne mein Zutun, wenigstens ohne eine bestimmte Absicht, eingedrückt hat. [1; Bd. 1, S. 39]

Nach Beendigung seines Studiums sollte *Lichtenberg* in sein hessisches Heimatland zurückkehren. Ihm wurde die Stellung eines Professors für Mathematik an der Landesuniversität Gießen angeboten. *Lichtenberg* machte aber von dieser Möglichkeit keinen Gebrauch, sondern bat in einem Brief an den Staatsminister *von Riedesel* um einen längeren Urlaub. Er habe für einige Monate die „Aufsicht über den Sohn eines englischen Admirals übernommen“, gäbe ihm auch Unterricht in der Mathematik und hätte Aussicht, England mit ihm zu sehen. Das sei gewiß ein Vorteil für einen angehenden Mathematiker. Dieser Bitte entsprach der hessische Landesherr, indem er *Lichtenberg* für die nächsten zwei Jahre unbesoldeten Urlaub gab. Gleichzeitig ernannte er *Lichtenberg* zum zweiten Professor der Mathematik und zum öffentlichen Lehrer der englischen Sprache an der Universität Gießen. Seit dieser Zeit führte *Lichtenberg* offiziell den Titel eines Professors.

3. ZWEI BEDEUTENDE REISEN NACH ENGLAND

Das Amt des Hofmeisters hatte *Lichtenberg* bei dem sechzehnjährigen Studenten *Thomas Swanton*, Sohn des englischen Admirals, übernommen. So war sein Leben seit 1767 mit diesem jungen Engländer und seit 1768 auch mit *William Henry Irby* und Baronet *Sir Francis Car Clerke* verbunden. Es scheint, als sei diese Hofmeister-Zeit für *Lichtenberg* eine angenehme Zeit gewesen, in der er sich nicht ausschließlich mit seinen Zöglingen befassen mußte. Es blieb ihm für seine eigenen Arbeiten und Studien genügend Zeit.

In diesen Jahren bahnte sich auch ein freundschaftliches Verhältnis mit dem Buchhändler und Verleger *Joh. Christian Dieterich* und dessen Frau *Christiane* an. Welch ein Grund beide Männer zusammengeführt hat, das ist aus den Aufzeichnungen nicht mehr zu ersehen. Gewiß ist aber, daß beide 1769 schon näher bekannt waren; denn im Januar desselben Jahres weilte *Lichtenberg* mit seinen beiden englischen Schützlingen in Gotha, wo sich Frau *Dieterich* aufhielt, und sie standen bei der Taufe ihres Sohnes Pate.

Damals wohnte *Lichtenberg* noch nicht in dem *Dieterich*schen Hause. Doch er fand an der häuslichen Gesellschaft der Familie mit ihren fünf Kindern viel Gefallen und war ein gern gesehener Gast, so daß ihm ein ständiger Platz auf dem Familienkanapee zugestanden wurde.

Im Frühjahr 1770 verwirklichte sich endlich *Lichtenbergs* Wunsch und Plan einer Reise nach England. Er brachte seine beiden englischen Schützlinge in deren Heimat zurück. Durch diese kurze Reise, sie dauerte nur von März bis Mai 1770, kam *Lichtenberg* zum ersten Male mit dem pulsierenden Leben der zu seiner Zeit bedeutenden Nationen Holland und England in Berührung. Er erhielt einen Einblick in die wirtschaftliche und politische Lage Englands. Die Vergleiche, die er nun zwischen dem gesellschaftlichen Leben in England und den Verhältnissen seiner Heimat ziehen konnte, ließen ihn die Enge der deutschen Verhältnisse spüren.

In London wurde *Lichtenberg* mit bedeutenden Vertretern der herrschenden Kreise bekannt. Er erhielt von König *Georg III.* eine Einladung zur Besichtigung seiner Privat-Sternwarte in Richmond und wurde auch von ihm empfangen.

Die vier Wochen seines Londoner Aufenthaltes genügten, damit einige der angesehensten Familien Londons, die viel auf Göttingen und seine Universität hielten, auf ihn aufmerksam wurden und ihm in den folgenden Jahren die Erziehung ihrer Söhne in Göttingen anvertrauten. Da er den jungen Engländer *Charles Adams*, Sohn des *Lord Chief Baron of the Exchequer*, mit nach Göttingen nehmen und ihn dort betreuen sollte, kehrte *Lichtenberg* schon im Mai 1770 wieder nach Deutschland zurück. Mit dieser Rückkehr in die Heimat ging auch die Studenten- und Hofmeisterzeit zu Ende.

Von seinen Verpflichtungen gegenüber der Universität Gießen wurde er 1771 durch die Regelung staatlicher Stellen in Darmstadt, Hannover und London entbunden.

Von nun an war *Lichtenbergs* Leben eng mit der Entwicklung der Universität Göttingen verbunden. Er gehörte bald zu jenen Professoren, deren Namen und Arbeiten die Jugend aus ganz Deutschland nach Göttingen zog. In den nun folgenden Jahren beschäftigte sich *Lichtenberg* mit Fragen der Mathematik, der Mechanik und der Astronomie.

Als *Georg Christoph Lichtenberg* sich 1774 zum zweiten Male für eine Reise nach England rüstete, war er nicht Begleiter englischer Adelssöhne, sondern fuhr, ohne eine bestimmte Aufgabe lösen zu müssen, als junger anerkannter Gelehrter nach London. Welche Arbeiten haben ihn in der Zeit, die zwischen seinen Englandreisen lag, so bekannt gemacht?

Im Mittelpunkt der astronomischen Interessen standen damals die Gradmessungen. Der von *Newton* erbrachte Beweis, daß die Erde keine Kugel, sondern ein abgeplattetes Rotationsellipsoid sei, mußte bestätigt werden. Das konnte nur durch Messungen geschehen, die ergeben mußten: Infolge der geringeren Krümmung ist die Strecke für den Meridiangrad am Pol größer als die am Äquator. Die von der französischen Regierung 1735 und 1736 nach Südamerika und nach Lappland gesandten Expeditionen bestätigten die Annahme *Newtons* und *Huygens'*. Die Berechnung der Gradmessung ergab, daß die Erdachse sich zum Durchmesser des Äquators verhält wie 299:300.

Gleichzeitig trat im 18. Jahrhundert die Notwendigkeit einer exakten Längenbestimmung immer stärker in den Vordergrund. Diese Lösung wurde von der Schiffahrt gefordert. Vor allem ergab sich für die Länder, die ihren kolonialen Besitz in den anderen Erdteilen erweitern wollten und die eine große Handelsflotte besaßen, die ökonomische Notwendigkeit einer exakten Längenbestimmung. So setzte die englische Regierung für die Lösung dieser Aufgabe einen Preis von 20000 Pfund aus, den *Tobias Mayer* und *Leonhard Euler* zur einen Hälfte und der englische Uhrmacher *John Harrison* für das von ihm gebaute Chronometer, das nach vier Monaten nur einen Fehler von zwei Minuten aufwies, zur anderen Hälfte erhielten.

Diesen wissenschaftlichen Problemen seiner Zeit widmete sich *Lichtenberg* mit großem Interesse und hielt darüber Vorlesungen.

Im Herbst 1771 erhielt *Lichtenberg* vom englischen König den Auftrag, die geographische Länge der Städte Hannover, Osnabrück und Stade zu bestimmen, um damit gleichzeitig den Militäringenieuren die wichtigsten Anhaltspunkte für einen genauen Atlas des Kurfürstentums Hannover und des Herzogtums Osnabrück zu geben.

Zu den wissenschaftlichen Instrumenten, die *Lichtenberg* bei seinen Beobachtungen benutzte, gehörten der vom König gestiftete Quadrant, dessen Teilung *Lichtenberg* in Hannover erst eichen mußte, eine Präzisionsuhr des Göttinger Uhrmachers und Senators *F. L. Kampe*, ein Dollondsches Fernrohr und eine Magnetnadel, die er sich für diese Arbeiten anfertigen ließ.

Bei seinen Untersuchungen knüpfte *Lichtenberg* an die Arbeiten von *Tobias Mayer* über die Bestimmung von Instrumentenfehlern und der Exzentrizitätsfehler bei Teilungen an, um ein Fehlerminimum zu erreichen.

Die Methode, die *Lichtenberg* zur Längenbestimmung anwandte – Bestimmung mit Uhr und Fernrohr aus Jupitertrabanten-Immissionen und -Emissionen, einer Mondfinsternis und einer Sternbedeckung durch den Mond –, machte umfangreiche Korrespondenzbeobachtungen notwendig. Das ließ ihn mit *Johann Bernoulli, de Lalande, Maskelyne, Messier, Cassini, Mallet* in Genf, *Lexell* und *Rumowski* in Petersburg in fachliche Verbindung treten. So führten diese Untersuchungen *Lichtenberg* mit vielen bedeutenden Männern zusammen, von denen ihm einige Zeit seines Lebens gute Freunde und Briefpartner geblieben sind.

Bei den Längenbestimmungen von Hannover, Osnabrück und Stade fand *Lichtenberg* in keinem dieser Orte eine Sternwarte vor. Überall mußte unter seiner Anleitung mit dem Bau eines Behelfsobservatoriums begonnen werden. Nicht nur die Bauarbeiten, sondern auch das schlechte Wetter verzögerten oftmals das Observieren. Dadurch erhielt *Lichtenberg* allerdings die Möglichkeit, sich die Städte und deren Umgebungen anzusehen, das Leben der Menschen und einige bedeutende Männer, z. B. *Joh. Gottfried Herder, Just. Möser* und *Fr. Gottlieb Klopstock*, kennenzulernen.

Über die Begegnung mit *Herder* schrieb *Lichtenberg*: „... in Bückeburg ... hatte ich einige Stunden, die mir der Himmel aus Nr. 1 zugeworfen hatte ...“ [7; Bd. 1, S. 82] Auch *Herder* war erfreut, *Lichtenberg* kennenzulernen, und berichtete an seine Braut *Caroline Flachsland*:

> Dieser Tage ist Professor *Lichtenberg* aus Göttingen, auch ein Darmstädter, ein kleiner, pucklicher, schwacher Mensch, aber eine schöne allerfreuliche Seele, hier gewesen, und hat mir einige Strahlen munteren Umgangs in die Seele gegossen. [20; Bd. 2, S. 222]

Doch bei all den frohen Stunden, die ihm solche Begegnungen brachten, zeigen seine Briefe eine tiefe Mißstimmung, weil die Arbeit nicht so voranging, wie er es sich dachte. Immer, wenn ihm erfolgreiche Beobachtungen gelungen waren, dann sprach eine besondere Freude aus seinen Zeilen an die Freunde:

> Vergangene Nacht habe ich für die Länge eine, und für die Breite mehrere entscheidende Observationen gemacht. Ich bin also heute viel vergnügter, als ich seit 14 Tagen gewesen bin. [7; Bd. 1, S. 95]

Nach Göttingen zurückgekehrt, vollendete *Lichtenberg* seine Berechnungen. In einem Brief vom 15. März 1773 an *Johann Bernoulli* dankte er dem Berliner Gelehrten für dessen Hilfe und teilte ihm die Resultate seiner Arbeit, der Längenbestimmung von Osnabrück, mit.

Der Erfolg seiner exakten Untersuchungen blieb nicht aus. Die Längenbestimmungen *Lichtenbergs* haben zu den besten Präzisionsmessungen ihrer Zeit gehört.

Die Zeit, die zwischen diesen Untersuchungen lag, war für *Lichtenberg* mit der Herausgabe der von *Tobias Mayer* nachgelassenen Schriften ausgefüllt. Einige Arbeiten *Mayers* wurden durch Beiträge und Kommentare *Lichtenbergs* ergänzt. Mit der Herausgabe des Nachlasses, vor allem mit dem Druck der Mondkarte und mit der Bearbeitung von *Tobias Mayers* Farbenabhandlung, zeigte *Lichtenberg* eine seiner feinsten wissenschaftlichen Fähigkeiten: einen Grundgedanken von allen komplizierten und verdunkelnden, verquickenden nebensächlichen Ideen zu befreien und ihn in seiner Lebendigkeit herauszuarbeiten.

Im Frühling 1774 beendete *Lichtenberg* diese Arbeit und überreichte im Oktober des gleichen Jahres ein Exemplar des ersten Nachlaßbandes *Georg III.* Die Anerkennung der wissenschaftlichen Bedeutung erhielt *Lichtenberg* durch die Beurteilung des Oxforder Astronomen *Hornsby*, der die Fortsetzung des *Mayer*schen Werkes mehr wünschte „als irgend eines, das er noch von Deutschland aus erhalten hat".

In diesen astronomischen Arbeiten drückte sich wohl am stärksten *Lichtenbergs* Stellung zu den wissenschaftlichen Fragen seiner Zeit aus. In allen Aufzeichnungen und Briefen *Lichtenbergs* ist seine Zustimmung zu dem großartigen Gedanken von *Lambert* und *Kant* über die Entstehung des Sonnensystems zu finden. Mit *Herschel* verband ihn später ein reger Briefwechsel, der von der Achtung und Anerkennung *Lichtenbergs* für die Entdeckungen und Arbeiten des englischen Astronomen spricht.

Die astronomischen Arbeiten mögen auch eine Ursache dafür gewesen sein, daß *Lichtenberg* in diesen Jahren begann, seine Sammlung physikalischer Geräte aufzubauen. Aus den kleinen Anfängen eines Dollond-Teleskops und eines Dollond-Tubus' erwuchs im Laufe der Jahre sein persönliches, umfangreiches physikalisches Instrumentarium, das nach seinem Tode zum Kernstück der Sammlung des ersten Physikalischen Institutes der Universität Göttingen geworden ist.

Als dieser junge anerkannte Wissenschaftler fuhr *Lichtenberg* im Oktober 1774 nach England. Dieser zweite Aufenthalt in England, der bis Dezember 1775 dauerte, wurde für *Lichtenberg* zu einem Bildungserlebnis, das für sein ganzes Leben entscheidend war. Er fühlte sich „aus einem Göttingschen Hinterhaus in eine der ersten Straßen der Welt versetzt" [7; Bd. 1, S. 195], in der ein buntes Treiben herrschte. Das politische, wissenschaftliche und gesellschaftliche Geschehen in London, auf den Landsitzen seiner Gönner, am Hofe des Königs und in den Städten, die er bereiste, nahm *Lichtenberg* mit den ihm eigenen wachen Sinnen wahr. Die Eindrücke, die er erhielt, vertieften die in ihm schon vorgeprägten Gedanken und Ansichten und ließen von nun an diese und jene Seite seines Wesens und seiner Art des Denkens klarer, schärfer profiliert hervortreten. *Lichtenbergs* Streben, alles Sehens- und Wissenswerte kennenzulernen, war von den beiden Gebieten Probleme der Naturwissenschaft und des politisch-gesellschaftlichen Lebens bestimmt.

Die Gelehrten glauben, ich wäre bloß ihretwegen herüber gekommen, und die anderen, die Weltmenschen, denken, Zerstreuung sei die Absicht meiner Reise gewesen,

so schrieb er in einem Brief an *Heyne.* [7; Bd. 1, S. 222]
Das gesellschaftliche und politische Leben Englands nahm *Lichtenberg* in seiner gesamten Vielfalt in sich auf. Er wohnte bedeutenden Parlamentsdebatten bei, sprach selbst mit dem König über politische Fragen und lernte das Leben des Volkes kennen.
In einem Brief an *Dieterich* vom 15. Februar 1775 schrieb er:

Ich sehe und höre so viel, daß ich 10 Jahre daran zu verdauen haben werde. Neulich hab ich in einem Dorfe Hammersmith unter Matrosen, Fuhrleuten und Spitzbuben über die Amerikaner disputirt.

Im Mittelpunkt des politischen Geschehens standen in jenen Jahren die Auseinandersetzungen zwischen den nordamerikanischen Kolonien und dem Mutterlande Großbritannien. Das Streben der Kolonien nach Unabhängigkeit wurde immer stärker und bereitete die kriegerischen Auseinandersetzungen vor, die mit dem Siege Amerikas endeten. In diesem Streit stellte sich *Lichtenberg* auf die Seite des englischen Mutterlandes. Er erkannte nicht die historische Bedeutung dieses Unabhängigkeitskampfes, obwohl er in seinen Reiseanmerkungen notierte: „... der Krieg gegen die Colonien wird gegen die Stimme des Volkes geführt." [3; RA 4]
Während seines Aufenthaltes erlebte er auch die aufständischen Unruhen der Londoner Bürger gegen den Machtmißbrauch des englischen Parlaments, die sogenannten „Wilkes-Unruhen". Bezeichnete er diese Ereignisse wohl als eine Bewegung des „Mobs", so beeindruckten sie ihn doch. Er erlebte, wie in England das Bürgertum der Macht des Königs und des Adels feste Grenzen setzte. Dieser Eindruck wurde noch durch die Parlamentssitzungen bestärkt, die *Lichtenberg* besuchte.
Auch die Besuche *Lichtenbergs* im Königshause und der Eindruck, den die bürgerlich ausgerichtete Lebensweise der königlichen Familie bei ihm hinterließ, mögen bewirkt haben, daß er die konstitutionelle Monarchie in den 60er und 70er Jahren als die beste Regierungsform ansah. In dieser Zeit zog er „die eingeschränkte Monarchie der Aristokratie" vor: „Ich halte auch hier einen geschnitzten Monarchen für den Besten ..." [3; K 20]. Für *Lichtenberg* waren die in ihrer Macht eingeschränkten Monarchen eine lebendige Ver-

körperung des Gesetzes, „die Seele des Gesetzes, dessen Körper für sich wenig Reitz hat" [3; K 1]; denn „die besten Gesetze kann man bloß respektieren und fürchten, aber nicht lieben". [3; K 3] Gute Regenten dagegen, „wenn sie sich ihren Untertanen öfters zeigen, predigten", wären eine „Quelle von Glück für das Volk". [3; K 3] Eindeutig hob *Lichtenberg* die Vorzüge der englischen konstitutionellen Monarchie hervor:

Wie schön ist es nicht bei der englischen Constitution, daß sie republikanische Freiheit mit der Monarchie schon vorläufig gemischt hat, um den völligen Umschlag aus einer Demokratie in reine Monarchie oder Despotismus zu verhindern. [2; Bd. 1, S. 240]

Aber nicht allein durch seine Reisen nach England, sondern durch die unter englischem Einfluß stehenden Regierungen Hannovers selbst und durch die Entwicklung der Universität Göttingen lernt *Lichtenberg* die Vorteile der konstitutionellen englischen Monarchie im persönlichen Leben und innerhalb seines Arbeitsbereiches kennen. Während in den meisten deutschen Kleinstaaten der Despotismus herrscht, entfaltete sich in Göttingen das wissenschaftliche und geistige Leben.

Ich verlange keine Schonung, werde auch jeden, der mich mit Unrecht angreift, ohne Schonung begegnen, er sey wer er wolle. Freyheit zu denken und für die Wahrheit zu schreiben und ungestraft, das ist ein Vorzug des Orts den *Georg* beherrscht und auf dem *Münchhausens* Segen ruht. Ein Thor ist ein Thor, darf man hier laut sagen, er liege an Ketten oder werde angebetet. [3; F 710]

Das Eintreten *Lichtenbergs* für die konstitutionelle Monarchie besagt nicht, daß er über die im englischen Parlament herrschenden mißlichen Zustände hinwegschaute. Schon in seinen Reisebemerkungen prangerte er an, daß die Ämter käuflich seien und Korruption herrsche. Am schärfsten kritisierte er diese Zustände innerhalb des englischen Parlaments in seiner Erklärung zu dem *Hogarth*schen Kupferstich „Die Parlamentswahlen".

Auf seinen Reisen durch England, vor allem auf den Fahrten nach Birmingham und Bath, erhielt *Lichtenberg* einen tieferen Einblick in die ökonomische Entwicklung des Landes als in London. Sein Interesse galt vor allem den berühmten Manufakturen in Birmingham. Ihn interessierte die Arbeitsteilung und die damit verbundene Zeiteinsparung, der aus der Arbeit gewonnene Profit, die Preisregulierung innerhalb Englands und die Preise für den Außenhandel. Besondere Aufmerksamkeit widmete er der „Feuer- oder Dampfmaschine“, deren neue Konstruktion er in den wesentlichen Punkten durchschaute, obwohl der Besitzer „noch ein Geheimnis daraus“ machte.

Die reichen Eindrücke, die er auf dieser Reise empfing, sind „kaum für einen Brief“, wie er selbst sagte. Leider sind uns keine weiteren Bemerkungen über die ökonomische und politische Entwicklung Englands oder direkte Vergleiche, die er als klarer Denker mit seinem Sinn für die Wirklichkeit zu ziehen gewohnt war, überliefert. Aus seinen Aufzeichnungen und Briefen ist jedoch ersichtlich, daß die politische und ökonomische Entwicklung Englands *Lichtenbergs* Blick für die deutschen Zustände schärfte und eine der Ursachen für seine ablehnende Haltung gegenüber dem Feudalabsolutismus der deutschen Fürsten und für seine progressive Stellung zum Volke war.

Alles, was ihm im gesellschaftlichen Leben in England begegnete – dabei dürfen die tiefen Eindrücke, die *Lichtenberg* durch die englische Literatur und durch die hohe Schauspielkunst des *Shakespeare*-Darstellers *Garrick* empfing, nicht vergessen werden –, stärkte und vertiefte sein der Wirklichkeit zugewandtes Denken. Dabei bildeten die Begegnungen mit den Naturwissenschaften und die Berührung mit der in England vorherrschenden empirischen Philosophie wohl eine der wichtigsten Quellen für *Lichtenbergs* Arbeiten, für seine Entwicklung und für die Herausbildung seiner Ansichten.

Viele Begegnungen und Gespräche, auch gemeinsame Himmelsbeobachtungen und Experimente führten *Lichtenberg* mit den bedeutenden englischen Naturwissenschaftlern jener Zeit zusammen. So war er z. B. bei dem Leiter des Observatoriums in Oxford, Dr. *Hornsby*, des öfteren zu Gast und erhielt von ihm wertvolle wissenschaftliche Geschenke. Die Astronomen der Sternwarte von Greenwich, Dr. *Maskelyne* und Dr. *Price*, führten ihn in die Royal Society ein, deren Sitzung er am 2. März 1775 beiwohnte.

Zu seinem Bedauern machte er während dieser Reise aber nicht die persönliche Bekanntschaft *Friedrich Wilhelm Herschels*, der 1774 das erste größere Spiegelteleskop fertigte und der durch die Entdeckung des Planeten Uranus (13. 8. 1781) schlagartig berühmt wurde und von da an erfolgreich systematische Himmelsbeobach-

tungen durchführte. Erst später verband ihn mit *Herschel* ein freundschaftlicher Briefwechsel.
Lichtenberg machte auch die Bekanntschaft der deutschen Naturforscher *Reinhold* und *Georg Forster* und der bedeutenden Forschungsreisenden *Bank* und *Solander*, die zu dem Gelehrten-Stab

Abb. 5. Eine Karikatur *Lichtenbergs*, die *G. H. W. Blumenbach* zugeschrieben wird. Sein Vater, Prof. *Joh. Fr. Blumenbach*, war ein Kollege *Lichtenbergs* in Göttingen (Im Besitz der Niedersächsischen Staats- und Universitätsbibliothek in Göttingen)

der Entdeckungsreisen *Cooks* gehörten. Auch begegnete er *Jean André de Luc*. Diese Bekanntschaft entwickelte sich in kurzer Zeit zu einem herzlichen andauernden Freundschaftsverhältnis.
Mit großem Interesse verfolgte *Lichtenberg* die Fragen, mit denen

sich die englischen Gelehrten beschäftigten. Immer wieder wurden sie von *Lichtenberg* in seinen Veröffentlichungen eingearbeitet. Dabei griff er die wissenschaftlichen Ergebnisse ebenso wie die philosophischen Probleme auf.
Während seines Aufenthaltes in England gedachte er oft seines Freundes *Dieterich*, gehörte *Lichtenberg* doch so gut wie zu dessen Familie und hatte im Hause des Freundes viele gute und glückliche Stunden verlebt. Die Briefe, die *Lichtenberg* an den vertrauten Freund hauptsächlich in den Jahren 1770 bis 1775 schreibt, geben noch heute davon Zeugnis, daß *Dieterich* wohl einer der wenigen Menschen in der Umgebung des verwachsenen Physikprofessors gewesen ist, dem er seine vertrautesten, intimsten Gedanken und Erlebnisse mitteilt. *Lichtenberg* verheimlicht dem Freunde nichts. Seine Briefe sind nicht nur mit wissenschaftlichen und literarischen Problemen erfüllt und im ernsten Stil wichtiger Mitteilungen geschrieben, sondern tragen auch oftmals den scherzhaften, übermütigen Ton in sich, um die ganze Fülle des Erlebens, der Empfindungen und Gedanken mitteilen zu können. *Lichtenberg* weiß, daß der Empfänger seine Art, Briefe zu schreiben, gut versteht.
Dieses Mitteilungsbedürfnis liegt nicht nur auf *Lichtenbergs* Seite. *Dieterich* und seine Frau schätzen den Freund und antworten auf dessen Berichte pünktlich, oft mit mehreren Briefen, so daß *Lichtenberg* bittet, man möge ihn drei- bis viermal schreiben lassen, ehe man ihm wieder antworte.
Für diese Freundschaft spricht das Bemühen *Lichtenbergs*, bei den staatlichen Institutionen, ja selbst beim König, Unterstützung und Hilfe für den Freund bei seinen Bestrebungen, den Buchhandel und den Verlag zu erweitern, zu erbitten. Der Erfolg blieb nicht aus. Ohne sich von anderer Seite noch beraten zu lassen, erteilte der König, dem *Lichtenberg* die letzten Druckerzeugnisse *Dieterichs* vorgelegt hatte, die Genehmigung zur Erweiterung der Druckerei. Besonders gefiel dem König eine Pindar-Ausgabe.
Lichtenberg, der sich schon während seiner Studentenzeit von dem Rationalismus, der an den deutschen Universitäten gelehrten offiziellen *Leibniz-Wolff*schen Schulphilosophie, abkehrte und sich dem Empirismus zuwendete, wurde während seines Aufenthaltes in England in noch stärkerem Maße mit dem englischen materialistischen Empirismus bekannt. England ist für Europa das Stammland des Materialismus. *Francis Bacon* hatte mit seinen Werken die Philoso-

phie des 17. Jahrhunderts revolutioniert. Sie bilden den Ausgangspunkt für die Entwicklung des englischen Empirismus.
In der „Heiligen Familie“ schreibt *Marx* über *Bacon*:

> Die Naturwissenschaft gilt ihm als die wahre Wissenschaft und die sinnliche Physik als der vornehmste Teil der Naturwissenschaft... Nach seiner Lehre sind die Sinne untrüglich und die Quelle aller Kenntnisse. Die Wissenschaft ist Erfahrungswissenschaft und besteht darin, eine rationelle Methode auf das sinnlich Gegebene anzuwenden. Induktion, Analyse, Vergleichung, Beobachtung, Experimentieren sind die Hauptbedingungen einer rationellen Methode.

Lichtenberg notierte sich viele Gedanken aus *Bacons* Hauptwerk „novum organum“. Er sah das Wesentliche dieses Werkes darin, daß *Bacon* sich nicht nur auf die Darlegung einer materialistischen Lehre von der Welt beschränkte, sondern daß er auch auf eine materialistische Erkenntnistheorie und auf die Herausarbeitung einer wissenschaftlichen Methode hinwies. „*Bacon's* Organon soll eigentlich ein heuristisches Hebzeug seyn.“ [3; J 1216]
Er nannte *Bacon* „ein Magazin von Licht“. Hier, im englischen Empirismus, fand er den Gegenpol zum Rationalismus in Deutschland. Die Experimente als Ausgangspunkt der naturwissenschaftlichen Forschung, die Erfahrung setzte er der „Systemsucht“ gegenüber, denn

> nichts hindert den Fortgang der Wissenschaft mehr, wie schon *Bacon* und hundert andere gesagt haben, [als] ein paar Erfahrungen sogleich in ein System zu ordnen. [3; J 1312]

Dieser Empirismus war der charakteristische Zug des englischen mechanischen Materialismus, dessen Hauptvertreter in den achtziger Jahren des 18. Jahrhunderts *Joseph Priestley* war.
Joseph Priestley galt als eine der bedeutenden Persönlichkeiten des wissenschaftlichen Lebens. Er war eine vielseitig interessierte und begabte, aber auch widersprüchliche Natur. *Lichtenberg* lernte ihn persönlich kennen und besuchte ihn auch in seinem Laboratorium.
Er schätzte *Priestley* nicht nur wegen seiner naturwissenschaftlichen Arbeiten – er entdeckte den Sauerstoff –, sondern er beschäftigte sich auch mit dessen philosophischen Schriften und schloß sich in den Grundfragen der von *Priestley* und *Hartley* entwickelten Lehre der Psychologie an. Sie lehrten, daß eine enge Verbindung zwischen den

physiologischen und den psychischen Vorgängen besteht und daß den physiologischen Vorgängen das Primat zukomme.

Diejenigen Psychologen, die sich in der Naturlehre umgesehen haben, haben allezeit bündiger räsonnirt als die anderen, die mit Psychologie angefangen haben, [3; F 33]

notierte sich *Lichtenberg*.
In einem seiner Briefe bekannte sich *Lichtenberg* auch zu dem von *Priestley* geäußerten Gedanken, „der Mensch höre mit dem Tode gantz auf“. Die Leugnung der Unsterblichkeit der Seele kehrt von nun an in seinen Aufzeichnungen öfter wieder. Auch der materialistische Grundgedanke der Erkenntnistheorie *Priestleys*, daß die seelischen Erscheinungen durch die Wirkung äußerer Gegenstände auf die Sinne und Nerven entständen, ist in verschiedenen Varianten bei *Lichtenberg* zu finden und wird von nun an eindeutig von ihm vertreten. So mag auch der materialistische Monismus in der Erkenntnislehre *Priestleys*, der den zu seiner Zeit herrschenden cartesianischen Gedanken, daß Materie und Geist zwei völlig voneinander zu unterscheidende Substanzen seien, überwindet, bei *Lichtenberg* den Boden für seine materialistische Ansicht von der Einheit der Natur vorbereitet haben. Als ein abgerundetes Urteil über die Associationslehre kann die Aufzeichnung gelten:

Eine Haupt Regel in der Philosophie ist, keinen Deum ex machina zu machen, keine Sinne, keinen Instinkt anzunehmen, wo man noch mit Association und Mechanismus auskommen kann. [3; E 456]

Das Gedankengut, das in England auf ihn einstürmte, hat *Lichtenberg* nicht einfach aufgegriffen und fortgeführt, sondern er setzte sich damit auseinander und gelangte zu neuen Erkenntnissen. So lehnte er z. B. den Deismus ab, der seit *Newton* und *Locke* der englischen Philosophie eigen war, und wandte sich dem spinozistischen Gedanken zu; für den ersten Anstoß der Bewegung und für die Gesetze bedürfe es keines Gottes, der Grund für die Bewegung und für die Gesetze läge in der Natur selbst.
Die Reise *Lichtenbergs* nach England war für ihn keine Zeit der Ernte. Er trat weder mit wissenschaftlichen Arbeiten noch mit anderen Aufsätzen oder Arbeiten hervor, will man von den Briefen absehen, die *Boie* veröffentlicht hat. Dieses eine Jahr war eine Zeit der Vorbereitung, des tieferen Studiums der politischen gesellschaft-

lichen Wirklichkeit und der Aufnahme des progressiven Gedankengutes der Wissenschaft, der Philosophie und der Kunst. Aus dieser großen Fülle der Eindrücke, aus dem breiten und tiefen Erleben schöpfte *Lichtenberg* in den kommenden Jahren immer wieder Neues für seine Arbeiten. Dieses eine Jahr in England scheint für ihn unerschöpflich gewesen zu sein.

4. DER EXPERIMENTALPHYSIKER UND NATURFORSCHER

Nach Göttingen zurückgekehrt, tritt in den wissenschaftlichen Arbeiten *Lichtenbergs* die Experimentalphysik, der seit jeher seine persönlichen Interessen gegolten haben, immer mehr in den Vordergrund. Seit 1777 beschäftigt er sich hauptsächlich mit den Erscheinungen der Elektrizität.

4.1. Lichtenbergs Arbeiten zur Elektrizitätslehre

Während im 17. Jahrhundert vor allem auf den Gebieten der Mechanik und der Optik bedeutende Fortschritte erzielt wurden, galt das Interesse der Naturforscher im 18. Jahrhundert hauptsächlich dem von *Gilbert, Hauksbee* und *Guericke* erschlossenen Gebiet der Reibungselektrizität. Die Entwicklung dieses neuen Zweiges der Physik, der nach der *Newton*schen Periode entstand, zog sich von den Anfängen bis zu den ersten Erkenntnissen der Gesetzmäßigkeiten fast über das gesamte 18. Jahrhundert hin.
Zuerst waren es nur zufällige Beobachtungen, die die Erkenntnis bestimmter Erscheinungen der Elektrizität immer mehr erweiterten. *Picard* beobachtete die Phosphoreszenz des Quecksilbers. *Hauksbee* gelang es, durch Reibung Lichteffekte im Vakuum hervorzurufen. Vor allem wurden vielfältige Versuche über die elektrische Bewegung durchgeführt. *Stephan Gray* machte bei seinen Experimenten die Entdeckung, daß die Elektrizität übertragen werden könne, und *du Fay* kam bei der Fortsetzung der Versuche zu der Erkenntnis, daß sich zwei verschiedene Zustände der Elektrizität voneinander unterscheiden, die er als Glas- und Harzelektrizität bezeichnete.
Die weiteren Erforschungen der Wirkung der Reibungselektrizität wurde durch die Bemühungen, die der Vervollkommnung der Elektrisiermaschinen gewidmet waren, stark gefördert. Die Versuche mit den elektrischen Erscheinungen blieben aber nicht nur ein Arbeitsfeld der Naturforscher. Die Erfindung der Leydener Flasche und die Entdeckung des elektrischen Schlages erregten großes Aufsehen. Zahlreiche Laien beschäftigten sich nun mit Experimenten der Elektrizität. Diese Versuche wurden zu einer amüsanten Unterhaltung an den Höfen und in den Salons. Die Elektrizität war zu einer Modeerscheinung geworden.

Die Fülle der neuen Entdeckungen (die Pyroelektrizität; Tierische Elektrizität durch *Walsh*; Erfindung der galvanischen Elemente; Luftelektrizität; Gewitterelektrizität durch *Franklin*, der 1753 den ersten Blitzableiter entwickelte) machte erforderlich, das gesamte Material der zahlreichen Entdeckungen zusammenzutragen. Auf Anregung *Franklins* schrieb *J. Priestley* eine Geschichte der Elektrizität. Dieses Buch fand großen Anklang und eröffnete ihm die wissenschaftliche Laufbahn. *Priestley* beschäftigte sich, bevor er die Versuche mit Gasen aufnahm, mit Fragen der Elektrizität. Diese Kenntnisse wandte er später bei seinen experimentellen Forschungen über die Gase an und gelangte 1774 zu Erkenntnissen über die chemische Wirkung der Elektrizität. Er erkannte, daß mit Hilfe der Elektrizität aus einigen Flüssigkeiten, z. B. aus Alkohol, Wasserstoff abgespalten werden kann.

Mit der Anhäufung neuer Erkenntnisse über die Elektrizität trat immer mehr die Frage nach der Ursache dieser Erscheinungen in den Vordergrund. Die Annahme, daß die Elektrizität ein wägbarer Stoff sei, wurde nicht bestätigt. Die Versuche, die eine Gewichtszunahme der elektrisierten Körper beweisen sollten, blieben erfolglos. So gelangte man zu der allgemeinen Annahme, daß die Elektrizität ein unwägbarer Stoff sei.

Die bedeutendsten Bemühungen, eine theoretische Erklärung für die Erscheinungen der Elektrizität zu finden, wurden von dem amerikanischen Gelehrten und Staatsmann *Benjamin Franklin* und von *Symmer* unternommen.

Franklin geht davon aus, daß es ein einheitliches elektrisches Fluidum gäbe. Dieses Fluidum sei auch die Ursache aller elektrischen Erscheinungen. Seine Teilchen stoßen sich gegenseitig ab und werden von Körperteilchen angezogen. Ist das Fluidum außerhalb und innerhalb im Gleichgewicht, dann wären die Körper unelektrisch. *Franklin* erkennt die gegensätzliche Wirkung, die in der Elektrizität zu finden ist, an. Jedoch glaubt er die Ursache dafür in der Annahme zu finden, daß die positive und negative Elektrizität nichts anderes sei als ein Zuviel oder Zuwenig des elektrischen Fluidums oder das elektrische Agens. (Dieser Ausdruck wird oft von *Franklin* gebraucht.) *Symmer* dagegen stimmt dem Standpunkt der Unitaristen, zu denen auch *Franklin* gehört, nicht zu, sondern glaubt, der gegensätzliche Charakter der elektrischen Erscheinungen sei auf zwei verschiedene Fluida zurückzuführen. *Symmer* vertritt die Ansicht der Dualisten:

Es gäbe zwei verschiedene elektrische Zustände, die nicht zu einer einheitlichen Erscheinung gehören.

Diese beiden Ansichten, die der Unitaristen und der Dualisten, stehen sich in der 2. Hälfte des 18. Jahrhunderts gegenüber, und der Streit zwischen beiden Parteien geht innerhalb der Physik hin und her. Um eingreifen zu können, machte *Lichtenberg* zahlreiche Versuche an dem großen, nach seinen eigenen Angaben gebauten Elektrophor, um den Charakter der verschiedenen elektrischen Ladungen erklären zu können. Bei diesen Experimenten beobachtete *Lichtenberg*, daß man auf Nichtleiter an einzelnen Punkten elektrische Ladungen anbringen kann. Diese Untersuchungen führten ihn zu seinen Arbeiten über die elektrischen Figuren.

Einmal, als der Aufsatz in die Höhe gezogen war, bemerkte er von ungefähr hier und da auf dem Kuchen kleine Sternchen, in die sich der Harzstaub, von welchem in dem Zimmer alles voll lag und der also öfter umher flog, angelegt hatte. Als er hierauf fein pulverisiertes Harz in dichte Leinwand that und auf den Kuchen durchbeutelte, so bemerkte er mit Vergnügen, wie nicht allein jene Sternchen deutlicher und vollkommener wurden, sondern daß auch noch eine große Menge anderer zum Theil von verschiedener und sehr schöner Figur zum Vorschein kamen. [4; S. 15]

Da *Lichtenberg* selbst unpäßlich war, bat er Prof. *Kästner*, vor der Akademie der Wissenschaften am 3. Mai 1777 ein Promemoria über die von ihm entdeckten elektrischen Figuren zu verlesen. Die offiziellen Berichte über seine Arbeiten gab *Lichtenberg* vor der Akademie am 21. Februar 1778 und am 19. Dezember 1778.

Bis 1781 wird diese Problematik von *Lichtenberg* weiter bearbeitet und in den verschiedenen Artikeln veröffentlicht. Sechs Originalarbeiten *Lichtenbergs* über die elektrischen Figuren liegen uns vor und sind von *Herbert Pupke* und *Rudolph Zaunick* zusammengetragen worden.

Die Arbeiten *Lichtenbergs* über die elektrischen Figuren wurden von den bedeutenden Naturforschern seiner Zeit mit großem Interesse verfolgt. *Lichtenberg* berichtet an *Wolff*:

De Luc und *Volta* haben sich über 2 Monate mit meinen Figuren beschäftigt und man hat nun ein gewichtiges Werk vom ersteren zu erwarten (ist nicht erschienen – d. Verf.). Er schrieb vor einiger Zeit mehr witzig vielleicht als wahr: *Ihre Sterne werden Dereinst noch in der Nacht der Elektrizität leuchten.* [7; Bd. 2, S. 86]

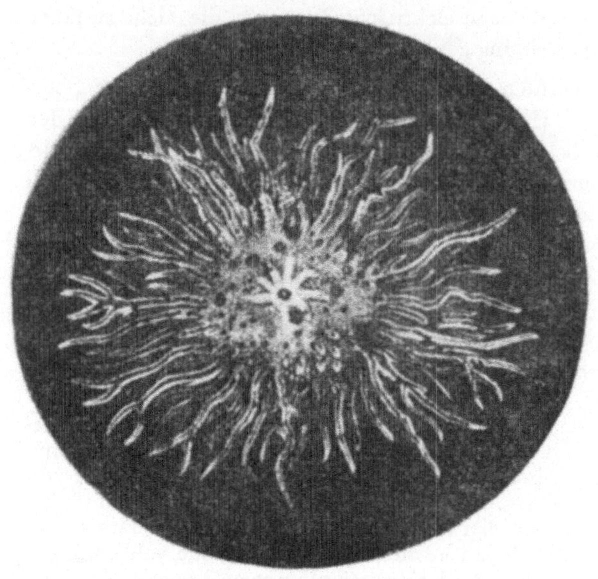

Abb. 6. Eine sog. elektrische Figur aus der Arbeit *Lichtenbergs* „Über eine neue Methode ..."

Aus seinen Arbeiten ergaben sich keine bedeutenden praktischen Anwendungen. Sie führten auch nicht zur Klärung der Natur der Elektrizität. Seine Versuche zeigten ihm nur immer wieder,

> ... daß es zwei Elektrizitäten oder zwei verschiedene Modifikationen einer einzigen Materie gibt, die sich gegenseitig nach den Regeln positiver und negativer Größen aufheben ...
> Und ich bin der Überzeugung, daß dieser Satz unter den wenigen Sätzen, die in dieser Lehre zu einer mathematischen Gewißheit erhoben sind, die erste Stelle einnimmt. [4; S. 34]

Bei seinen Veröffentlichungen der elektrischen Figuren wandte er eine heute moderne, damals „neue Art der Druckerei" an. Er bestrich schwarzes Papier „mit einer klebrigen Masse" und machte so die Abdrücke. Die elektrisch geladenen Staubteilchen ergaben den Druck. Er bekennt: „... ich hatte weder Lust noch Zeit, die Figuren alle abzuzeichnen ..." [4, S. 22]

Seine Arbeiten haben die Theorie der Elektrizität zwar nicht bedeutend bereichert, jedoch sollten sie nicht unterschätzt werden. Es ist dabei zu beachten, daß *Lichtenberg* mit den ihm zur Verfügung stehenden Mitteln den Gegenstand seiner Forschung vollständig zu seiner Zeit erschöpfte, so daß selbst die Forschungen des 19. Jahrhunderts nichts Wesentliches zur Klärung dieser Erscheinungen beigetragen haben. Gleichzeitig muß anerkannt werden, daß die von ihm gegebenen Erklärungen der Begriffe positiver und negativer Elektrizität und die Einführung der Zeichen + und — noch heute in der Physik Gültigkeit haben. Mit seinen richtigen Formulierungen greift *Lichtenberg* nicht nur in den Streit der Unitaristen und der Dualisten ein, sondern hilft auch, ihn zu beenden.

Ich nenne diejenige Elektrizität positiv, die, durch blankes Glas erregt, auf leitende Körper geleitet wird; die entgegengesetzte nenne ich negativ. Durch den einen Ausdruck will ich nicht einen Mangel, durch den anderen einen Überfluß der Materie andeuten, vielmehr will ich nur die Bezeichnungen + und — rechtfertigen. [4; S. 35]

Lichtenberg lehnt die Deutung *Franklins*, die positive Elektrizität sei ein Zuviel, die negative ein Zuwenig des elektrischen Fluidums, ab. „Das hindert aber nicht, daß wir die Ausdrücke positiv und negativ als die geeignetsten gebrauchen werden." *Lichtenberg* verteidigt die Erkenntnisse *Franklins* und wendet sich gegen die Naturforscher, die die Ausdrücke positiv und negativ in der Elektrizitätslehre verwerfen wollen. Unter diesen Naturforschern hat *Joh. Carl Wilcke* versucht, Begriffe der zeitgenössischen Chemie für die Elektrizitätslehre zu übernehmen. Anstelle der Begriffe + und — Elektrizität gebrauchte er die Ausdrücke „Phlogiston" und „Säure". *Lichtenberg* äußert sich zu diesem Versuch wie folgt:

Der Idee des Positiven und des Negativen verdankt die Elektrizitätslehre schon sehr viele und sehr große Bereicherungen, dagegen dem Phlogiston und der Säure gar nichts oder nur sehr wenig. Und es erscheint mir als sehr wahrscheinlich, daß die Physiker in Zukunft eine Erweiterung dieser Lehre zu erwarten haben, wenn man sich mehr an die Zeichengebung der Mathematiker als an die der Apotheker hält. [4; S. 35]

Aus seinen Briefen und Schriften ist zu ersehen, daß sich *Lichtenberg* auch in späteren Jahren immer wieder mit den theoretischen Fragen der Elektrizitätslehre beschäftigt hat. In einem Brief an *Wolff*, vom 30. Dezember 1784, berichtet er, wie er mit *Volta* über diese Fragen disputiert habe. Die Sinne, so meint *Lichtenberg*, lassen uns auf zwei Kategorien schließen, doch der *„spekulative Simplizitäts-Geist"* führe auf eine Materie.

Der natürliche Mensch, der nie Schatten und Licht für zwei Materien hält, verfällt allezeit auf 2 elektrische. *Du Fay* tat es gleich auch. Die Spekulation entfällt auf *eine*, geht alsdann über das Zeugniß der Sinne hinaus.

Am Schluß ihres Disputes, so berichtet *Lichtenberg*, hatte *Volta* gesagt:

Oh, Monsieur, il faut être Unitaire. Ich sagte Je suis ni Unitaire ni Dualiste, mais je sèrais en l'un ou l'autre aussitôt que j'aurai vu des expériences decidivés.[1] Das war unser Abschied.

Alle Aufzeichnungen über die theoretischen Fragen der Elektrizitätslehre tragen einen Grundgedanken in sich: Der Naturforscher muß immer prüfen und untersuchen.

Ich glaube, ohne dieses große Principium ist kein wahrer Fortgang in der Physik zu hoffen. Wo das Gegentheil einreißt, und nun was der Lehrer vielleicht noch geprüft haben mag, der Schüler ungeprüft nachbetet, da hat man in 100 Jahren wohl ein System der Naturlehre, aber keine Naturlehre. [7; Bd. 2, S. 177]

Von den 6 Arbeiten *Lichtenbergs* über die elektrischen Figuren zeigt besonders die vierte Abhandlung sein Bemühen, die Erkenntnisse, die er aus seinen Versuchen gewonnen hat, auch für die Lösung anderer noch ungeklärter Naturerscheinungen anzuwenden. Er versucht, die Erscheinung des Nordlichts auf die Elektrizität zurückzuführen. Dabei stützt er sich auf die von *John Canton* entdeckte Pyroelektrizität. Es ist verständlich, daß *Lichtenberg* keine Lösung dieser Problematik gegeben hat. Er reißt diese Fragen nur auf und läßt sie offen, denn zu unrealen phantastischen Hypothesen läßt er sich nicht verleiten.

Auch in den nächsten Jahren stehen die Erscheinungen der Elektrizität im Mittelpunkt seiner experimentellen Untersuchungen. Angeregt durch die Abhandlung *Voltas* über dessen Entdeckung des Kondensators, führt *Lichtenberg* eine Reihe erweiternde Versuche durch, deren Resultate auch von *Volta* während seines Besuches bei *Lichtenberg* im Oktober 1784 anerkannt werden. Es kommt *Lichtenberg* das Verdienst zu, eine wesentliche Verbesserung des Kondensators entwickelt zu haben, indem er den ersten Luft-Kondensator schuf.

[1] Oh, mein Herr, Sie sind Unitarist. Ich sagte, ich bin weder Unitarist noch Dualist, aber ich werde das eine oder das andere sein, sobald ich entscheidende Experimente gesehen haben werde.

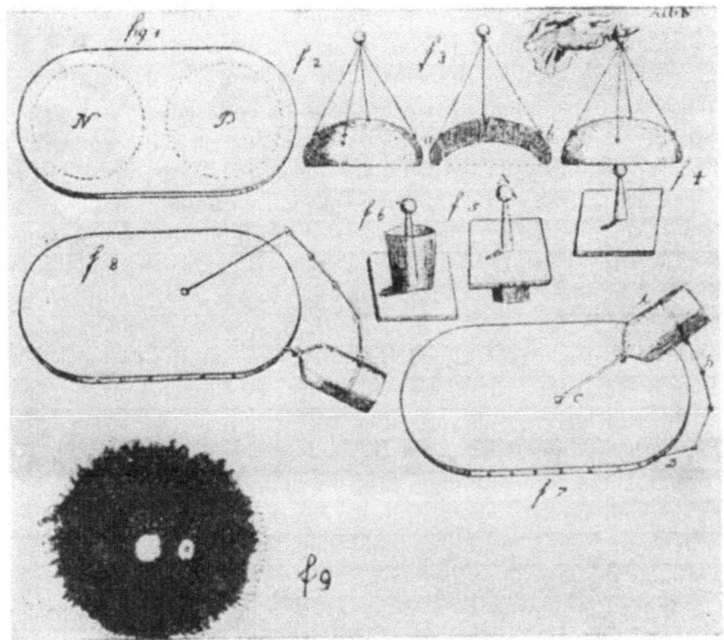

Abb. 7. Abbildungen aus der Arbeit *Lichtenbergs* „Über eine neue Methode ...", die einzelne Phasen seiner Experimente zeigen

Er baut auch eine große Elektrisiermaschine, die neben der von *Nairne* entwickelten Maschine als ein Muster dieser Art gilt.

Lichtenberg, der an allen physikalischen und technischen Neuerungen seiner Zeit regen Anteil nimmt, läßt sich am 24. Mai 1780 einen Blitzableiter an seinem Gartenhaus in der Weenderstraße anbringen. Diese Neuerung erregt in Göttingen großes Aufsehen. In einem Brief an *Schernhagen* schreibt *Lichtenberg* einige Bemerkungen Göttinger Bürger auf:

Einer sagte: Siehe du, der Magnetstein steckt schon! Es ist kein Magnetstein, sagte ein anderer, es ist ein Wetterlüchter. Noch ein anderer Wortführer in einer Gesellschaft von einigen Kerlen und Weibern sagte: oben an der Spitze blitzt es und unten auf dem Kessel donnerts. Andere sagten: sobald es dunkel wird, so geht es los, und wirklich soll eine Menge Menschen da gestanden haben, bis es Nacht wurde. Die meisten glaubten, jedes Gewitter schlüge jetzt in das Gartenhaus ein pp ... [7; Bd. 1, S. 353]

Da aus der Göttinger Einwohnerschaft viele Anfragen wegen des Blitzableiters an ihn gerichtet werden, sieht sich *Lichtenberg* genötigt, „dem Publico Rechenschaft zu geben". In dem Göttinger Wochenblatt veröffentlicht er am 29. Juni 1780 den Artikel „Nachrichten von dem ersten Blitzableiter in Göttingen, nebst einigen Betrachtungen dabey". Die scherzhafte Idee, die Häuser zur Sicherung gegen den Blitz „unter Käfige zu setzen", die in dem Artikel zum ersten Male auftaucht, trägt *Lichtenberg* in humoristischer Art später *Hollenberg* vor. Über die Vorteile eines Blitzableiters und dessen beste ‚Armierung' hat sich *Lichtenberg* in vielen Briefen mit *Schernhagen, Hollenberg* und *J. A. Heinrich Reimarus* unterhalten. *Reimarus* hat den ersten Blitzableiter in Deutschland anlegen lassen. Sein Buch „Vorschriften zur Anlegung von Blitzableitungen" bezeichnet *Lichtenberg* als vortrefflich.

Lichtenbergs Interesse an dem Blitzableiter ist nicht allein lokal bestimmt. Diese Fragen sind um 1780 durch die Auseinandersetzungen in England aktuell geworden. In diesem Streit, ob die Blitzableiterenden spitz oder kugelförmig sein sollen, lehnt *Lichtenberg Wilsons* Verteidigung der kugelförmigen Ableiter ab. Diese Haltung des Göttinger Physikprofessors ergibt sich nicht allein aus Gründen der physikalischen Erkenntnisse. Hinter *Wilsons* Versuchen und Veröffentlichungen wittert er eine Kränkung *Franklins.*

Noch kränkender ist es, wenn man bedenkt, daß vielleicht das Ganze jetzt angezettelt worden ist, um den Rebellen *Franklin* eine kleine Contra-Rebellion zu spielen. [7; Bd. 1, S. 363]

Lichtenberg nimmt für *Franklin* Partei, obwohl er die historische Bedeutung des nordamerikanischen Freiheitskampfes und *Franklins* Rolle nicht erkannt hat.

Seine Experimente zeigen, daß es ihm nicht nur um einen Schutz vor der zerstörenden Wirkung des Blitzes geht, sondern er versuchte auch, einen Apparat zu bauen, der die Luftelektrizität mißt. Er war unermüdlich im Variieren der Experimente. Durch eine geschickt gewählte Zuleitung und die Wahl des Materials — er verwandte Stahl statt des üblichen Eisendrahtes — erhielt er ein Resultat, „was sich bisher nur der natürliche Blitz vorbehielt, nämlich eine Uhrfeder und eine englische Messerklinge zusammenzuschmelzen". [7; Bd. 2, S. 22] Diese Mitteilung schrieb er, wie viele seiner Gedanken, nur in einem Brief. Dennoch lassen ihn diese gelungenen Experimente zum „Vater" der Schweißtechnik werden.

Mit großem Interesse verfolgt er die neuesten Ergebnisse der naturwissenschaftlichen Forschung und nimmt sie in seinen Vorlesungen auf. Doch sein Hauptinteresse gilt der Experimentalphysik.

Dieses Gebiet der Physik wurde in einem fünfstündigen Hauptkolleg von dem Studienfreund *Lichtenbergs, Joh. Pol. Erxleben,* gelesen. Nach dessen Tod 1777 übernahm *Kästner* diese Vorlesung. Da er aber seine Vorlesungen über angewandte und reine Mathematik nicht einschränkte, konnte er das Hauptkolleg über Experimentalphysik nicht sehr lange halten. Er übertrug *Lichtenberg* diese Aufgabe.

In diesem Jahr hatte *Lichtenberg Maria Dorothea Stechard,* Tochter eines Leinewebers, kennengelernt. Von der Liebe zwischen dem

Abb. 8. *Georg Christoph Lichtenberg* im Jahre 1780 (Pastellzeichnung von *J. L. Strecker*)

kleinen verwachsenen Professor und dem jungen Mädchen – *Maria Dorothea* war vierzehn Jahre alt – wissen wir nur aus wenigen Briefen. Es sind vor allem zwei Briefe, die *Lichtenberg* nach ihrem Tod am 4. August 1782 zwei vertrauten Freunden schrieb, die uns das Verstehen, die gemeinsamen Freuden, das Glück miterleben lassen.

Maria Dorotheas Schönheit und ihr sanftes Wesen hatten *Lichtenberg* schon beim ersten Kennenlernen gefangen genommen. Sie kam zuerst täglich zu ihm, um die Wohnung, die Sachen, ja sogar die physikalischen Instrumente in Ordnung zu halten. 1780 nahm sie *Lichtenberg* in sein Haus auf. Gesellschaftlich war sie als seine Lebensgefährtin nicht anerkannt. Doch Freunde, wie *Dieterich* und der Professor für Philosophie, *Albert Ludwig Meister*, kannten, verstanden und billigten diese Verbindung. *Lichtenberg* liebte *Maria Dorothea* sehr, und auch sie war ihm, der sie nicht nur kleidete, sondern sie auch schreiben und lesen lehrte, ihr eine neue Welt erschloß, sehr zugetan. Diese Gemeinsamkeit fand nach einer kurzen Erkrankung durch ihren Tod ein schroffes Ende. *Lichtenberg* trug schwer an diesem Verlust. Er erkrankte ernstlich und konnte erst nach einer längeren Pause seine Vorlesungen wieder aufnehmen.

4.2. Lichtenberg und die Chemie

Lichtenbergs Forschergeist ist nicht nur der Experimentalphysik zugewandt. Er verfolgt mit wachem Interesse alle anderen Gebiete der Naturwissenschaft seiner Zeit. Eingehend beschäftigt er sich z. B. mit den Problemen der Chemie. Das zeigen u. a. die Versuche mit Sauerstoff, die er schon seit 1781 neben denen mit der Elektrizität durchführt.

In der 2. Hälfte des 18. Jahrhunderts traten in der Chemie die Untersuchungen der Gase immer mehr in den Vordergrund. Von den zentralen Problemen der Verbrennung ausgehend, wurden viele Experimente durchgeführt, um die Zusammenhänge in der Chemie zu klären. *Scheele* und *Priestley* entdeckten unabhängig voneinander den Sauerstoff, und darauf aufbauend begründete *Lavoisier* die moderne Chemie.

Die chemischen Versuche mit den neuen Gasen waren nicht nur für die Naturforscher jener Zeit interessant. Auch Laien führten solche Experimente durch, denn diese Versuche zeigten einige eigenartige Erscheinungen in der Natur. Das war interessant und wurde modern. Die Entwicklung dieses Gebietes der Naturwissenschaft verfolgt auch

Lichtenberg. Ihm ist es nicht möglich, an solchen interessanten naturwissenschaftlichen Untersuchungen vorbeizugehen.

Ich habe seit einiger Zeit die Elektrizität etwas liegen lassen und beschäftige mich dafür mit den herrlichen Erscheinungen, welche die Entdeckungen mit den Luftarten gewähren,

schreibt er am 20. Mai 1782 an *Wolff.* Auch in seinen Vorlesungen geht er stärker, als es im Compendio vorgesehen ist, auf die experimentelle Darstellung der Luftarten (Gase) ein. Die Beschäftigung mit diesen Problemen führt er so weit, daß er sie in seiner Vorlesung über Experimentalphysik nicht mehr einbauen kann. Er sieht sich genötigt, im Sommer 1783 ein zusammenfassendes Sonderkolleg zu lesen „Uber die Lehre von den mancherlei Gattungen der Luft, vom Feuer und von der Elektrizität und dem Magneten, ausführlicher als es in dem allgemeinen Collegio der Physik geschehen kann". Uber seine Beobachtungen und Ansichten veröffentlicht er auch einen Artikel im Göttinger Taschenkalender 1783.
Die Versuche mit Sauerstoff sind sowohl für die Hörer seines Kollegs als auch für die Einwohner der Stadt recht eindrucksvoll. In einem Brief vom 10. Juni 1782 an *Wolff* berichtet *Lichtenberg* ausführlich über die „dritte Ergötzlichkeit mit der dephlogistisirten Luft", über das Schießen. Er schildert, wie er einen seiner Besucher derart in Erstaunen gesetzt habe, „daß ihm das Unterkinn herabfiel". Scherzhaft schreibt er weiter: „Hätte er (Herr *Berschütz,* d. Verf.) in Hannover dephlogistisirte Luft gehabt, ich glaube er hätte dem Bischoff das Trommelfell zersprengt."
In seinen Vorlesungen macht er alle halben Jahre Versuche mit Knallgas. Dabei hängt er die mit Gas gefüllte Blase „an die Decke des Zimmers" und steckt „sie mit einem kleinen elektrischen Funken, am Tische stehend, vermittels Clavierdraht an". In der gleichen Art wiederholt *Lichtenberg* den Versuch öfter in großem Maßstab. Er schreibt:

Da fülle ich sie aber stramm an, und wähle die stärkste Ochsenblase. Der Knall ist so, daß die Hunde gemeiniglich im ganzen Kirchspiel zu bellen anfangen. Ich bin hier Schuß frey, nemlich ich darf schießen; wenn irgend jemand fremdes erschrickt so sagen die Leute, o da Professor scheit (o der Professor schießt – d. Verf.). [7; Bd. 2, S. 184]

Seine Vorlesungen, seine Artikel und seine Briefe zeigen neben dem wissenschaftlichen Interesse seine Experimentierfreudigkeit, mit der

Lichtenberg seine Freunde zu ähnlichen Versuchen anregt. Er sendet ihnen nicht nur ausführliche Briefe, die lange Anweisungen für Experimente enthalten, sondern mit der Post gehen „Bouteillen mit dephlogistisierter Luft“ zwischen Göttingen und Hannover hin und her – „wie die Eimer in dem Zieh-Brunnen oder in den Bergwerken“. Immer wieder variiert er Gas-Versuche, unermüdlich ist er beim Experimentieren.

Lichtenbergs Interesse an der Chemie erschöpft sich nicht in den experimentellen Arbeiten. Mit großer Aufmerksamkeit und zugleich mit der steten Forderung kritischer Überlegungen verfolgt er die Entwicklung der theoretischen Fragen. Alle Aufzeichnungen, Artikel und Briefe, in denen *Lichtenberg* zu den chemischen Systemen seiner Zeit Stellung nimmt, sind, wie die Notizen zu den theoretischen Fragen der Elektrizitätslehre, von dem Grundgedanken getragen, immer alles zu prüfen und kritisch zu untersuchen.

Lichtenberg prüft die neuen Erkenntnisse in der Chemie. Er will „Behutsamkeit lernen und nicht gleich so streng an jede neue Lehre glauben“ und bekennt sich zu der Lehre *Lavoisiers.*

In einem Brief *Lichtenbergs* an den Göttinger Arzt *Christoph Girtanner*, der die neue Nomenklatur der „französischen Chemie“ ins Deutsche übersetzt hat, heißt es: „Die neue französische Chemie ist ein vortreffliches Werk, das dem menschlichen Verstand die größte Ehre macht.“ Der gleiche Gedanke ist in seiner Vorrede zur 6. Auflage der Naturlehre von *Erxleben* zu finden.

> ... So haben wir jetzt von Frankreich aus eine Revolution in der Chemie erhalten, die, wie ich mit Vergnügen gestehe, in ihrer Art ein Meisterstück ist, und der Widerstand, den sie in Deutschland gefunden hat, und den sie allmälig zu überwinden scheint, gereiche ihr gewiß am Ende zu größerer Ehre, als der unbedingte Beyfall mancher Freybeuter ...

Auch *Gamauf* hebt in seinen Erinnerungen an *Lichtenbergs* Vorlesungen hervor, daß *Lichtenberg* von der neuen Chemie bei der Lehre von den verschiedenen Luftarten sprach, und betonte, daß er der neuen Chemie „von ganzem Herzen ergeben war“. In seiner Vorlesung nannte *Lichtenberg* 3 Merkmale dieser Lehre:

„1. Vorzüglich berühmt wurde die neue Chemie durch die Zusammensetzung und Zersetzung des Wassers.“

2. Die neue Chemie gäbe eine leichte und auf „wahre Tatsachen und genaue Rechnung sich gründenden Erklärungen beynahe der allermeisten Phänomen“ und

3. habe sie eine vereinfachte Nomenklatur.

Diese Bekenntnisse und Zustimmungen *Lichtenbergs* zu der Lehre *Lavoisiers* sind nicht frei von kritischen Bemerkungen. *Lichtenberg* ist „durch den kindischen Triumpf ..., den man in Paris über das Phlogiston feierte", unangenehm berührt. „Madame *Lavoisier*, als Priesterin angekleidet, verbrannte feierlich das Phlogiston in einer Versammlung", schreibt *Lichtenberg* voller Mißfallen.

Auch fehlt ihm in dem System *Lavoisiers* die philosophische Durchdringung dieser Lehre. *Lichtenberg* erkennt *Lavoisiers* Lehre zwar als ein Meisterstück an, doch er will dieses bloß als eine isolierte Sammlung von Kenntnissen oder „wenn man will, von isolierter Wissenschaft verstanden wissen" und nicht als ein Teil der allgemeinen Naturlehre. *Lichtenberg* vermißt, daß *Lavoisier* seine Lehre der Chemie nicht mit anderen Gebieten der Naturlehre zu einem Ganzen zusammenfügt.

Dieses, dünkt mich, das eigentliche Geschäft des allgemeinen Naturforschers; die isolierten Beschäftigungen einzelner Klassen zu vergleichen und zusammen zu nehmen. Denn wenn der Mensch hierin ja zu einem sicheren Zweck gelangt: so muß alles Eins seyn. [5; 6. Aufl., S. 25]

Aus diesem Grunde nennt *Lichtenberg* in einem Brief an *Girtanner* die französische Chemie

blos ein chemisches Gebäude, den Entwurf zu einer Halle im Tempel der Naturlehre, die für sich allein sehr schön und bequem ist die aber vermutlich sehr wird verändert werden müssen, wenn sie sich an die übrige dereinst anschließen soll. [7; Bd. 3, S. 47]

Lichtenberg weiß sich von *Girtanner* richtig verstanden. Ihn verbindet mit dem Göttinger Arzt ein freundschaftliches Verhältnis.

Trotz der kritischen Bemerkungen lehnt *Lichtenberg* die Lehre *Lavoisiers* nicht ab.

Allein dieses (die kritischen Bemerkungen – d. Verf.) bei Seite gesetzt, so haben wir jetzt von Frankreich aus eine Revolution in der Chemie erhalten,

heißt es in der Vorrede zur 6. Auflage seiner Naturlehre.

Georg Christoph Lichtenberg ist einer der ersten Naturforscher in Deutschland gewesen, der die neuen Ergebnisse *Lavoisiers* in der Chemie in seinen Vorlesungen gelehrt hat.

4.3. Der Entwicklungsgedanke bei Lichtenberg

Neben den wissenschaftlichen Problemen der Physik und Chemie beschäftigt sich *Lichtenberg* eingehend mit der Kosmogonie. Die Frage, ob die Erde durch einen Schöpfungsakt oder durch die Entwicklung der Materie entstanden sei, ist in der 2. Hälfte des 18. Jahrhunderts zu einem allgemeinen Problem geworden, an dessen Lösung sowohl die Wissenschaft und die materialistische Philosophie als auch die Kirche interessiert waren.
In der Beantwortung dieser Problematik trennten sich klar die Naturforscher, die sich ernsthaft um eine materialistische, den naturwissenschaftlichen Erkenntnissen entsprechende Darstellung der Entwicklung der Erde bemühten, von denen, die trotz der Anerkennung einzelner Tatsachen den Idealismus vertraten und damit die Lehren der Kirche unterstützten. Diese Auseinandersetzungen waren eine Widerspiegelung der Klassengegensätze. Während die Vertreter des progressiven Bürgertums (*Chr. F. Wolff, Lambert, Kant* – in seinen Frühschriften) den Entwicklungsgedanken verteidigten, hielten die Ideologen der Kirche und des Adels an dem Schöpfungsglauben fest. Mit großem Interesse verfolgt er auch diese Auseinandersetzungen und nimmt dazu offen Stellung.
Lichtenberg ist sich bewußt, daß jene beiden Grundrichtungen einander ausschließen. In einer Aufzählung der wichtigsten Theorien der Erde – er zählt 56 Naturforscher und ihre bedeutendsten Werke auf – nennt er zuerst *Bertrand* und sein Werk „Mémoires sur la structure intérieure de la Terre“ und schreibt:

Bertrand glaubt sie sich so wie sie jetzt ist aus den Händen des Schöpfers gekommen, der auch die Versteinerungen geschaffen habe, das ist sehr bequem. [6; IX, D]

In der Beurteilung dieses Idealismus notiert er weiter:

Er ist in dieser Klasse . . . zwar nicht der einzige aber doch der vornehmste. [6; IX]

Die Idealisten selbst bezeichnet er als „eine ganz eigene Klasse“. An einer anderen Stelle eines Vortrages, in dem er sich mit dem Argument der Idealisten, man könne doch nichts von der Entwicklung der Erde wissen, auseinandersetzt, notiert er in seiner derben Art:

Zu sagen wir können von diesen Dingen nichts wissen, das heißt doch für wahr sich aus lauter Vernunft zum Affen erniedrigen. [6; IX]

In seinem Kampf um die Darlegung der wissenschaftlichen Theorien verhehlt *Lichtenberg* seinen Zuhörern nicht, daß die Erklärungen des Entstehungsvorganges der Erde, die sich an die „Erzählungen *Moses* hängen“ zu „Absurditäten“ werden. Eindringlich fordert er, daß man die Bibel ruhen lasse. [6; IX]
Lichtenberg distanziert sich eindeutig von den idealistischen Naturforschern. Als Naturforscher, dem Beobachtung und Erfahrung die Grundlage der wissenschaftlichen Erkenntnis sind, stimmt er in der sich entwickelnden Wissenschaft der Geologie nur der Ansicht zu, die versucht, von den Beobachtungen ausgehend die Entwicklung der Erde zu erklären. Dabei lehnt er die Zuhilfenahme unwissenschaftlicher Hypothesen ab. *Lichtenberg* stellt sich auf die Seite derer, die von „gewissen Naturgesetzen den gegenwärtigen“ Zustand der Erde herzuleiten suchen. Zu diesen Vertretern gehören der englische Gelehrte Dr. *Hutton* und in Deutschland der Arzt und Geologe *G. Christian Füchsel.* Schon vor dem Erscheinen des Lehrbuches von Dr. *Hutton* „Theory of the Earth“ hatte sich *Lichtenberg* mit den Ansichten des englischen Wissenschaftlers eingehend beschäftigt. Aus seinen Aufzeichnungen ist zu ersehen, daß er den Meinungsstreit, der in englischen und französischen Zeitschriften über Dr. *Huttons* Lehre geführt wurde, aufmerksam verfolgt hat. *Lichtenberg* ist sich darüber im klaren, daß es „in diesem Rückwärtsschließen ... sehr verschiedene Grenzen, so wie es auch leider Unterschiede in der Genauigkeit der Beobachtungen gibt“. Doch nicht die verschiedenen Meinungen in Einzelfragen sind für ihn das Entscheidende. Immer wieder betont *Lichtenberg*, es komme ihm hauptsächlich darauf an, daß die Theorie der Erde von einfachen Voraussetzungen ausgehend

> nach allgemeinen eingestandenen Gesetzen und Eigenschaften der Materie und der Bewegung den gegenwärtigen Zustand unserer Erdkruste so erklärte, daß wir ohne Erdichtung auf Erdichtung zu häufen durch den natürlichen Fortschritt der Schlüsse, endlich auf den gegenwärtigen Zustand geführt wurden, ohne daß ihm ein einziges Faktum widerspräche und auch keines unerklärt bliebe. [6; IX, D]

Unter den Theorien, die diesen Forderungen am meisten entsprechen, ist es hauptsächlich die *Kant*sche Lehre, die von *Lichtenberg* immer wieder besonders hervorgehoben und beachtet wird. Ausführlich legt er sie in Vorträgen und Aufsätzen dar. Das Wichtigste der Theorie *Kants* gegenüber allen anderen Lehren besteht für ihn

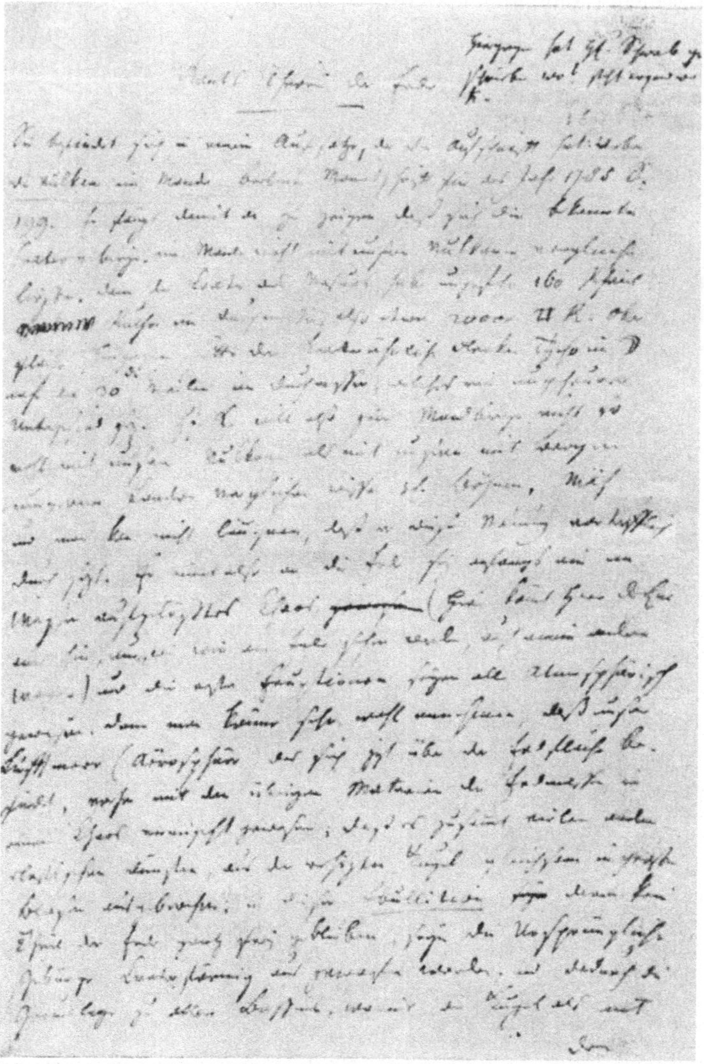

Abb. 9. Seite eines Manuskriptes zu einer Vorlesung über die Entwicklung der Erde

in der Annahme, daß „alle Materie durch den unermeßlichen Raum einen Augenblick hindurch gleichförmig zerstreut, mit allen Kräften

begabt“ war. Durch diese Annahme eines Urstoffes, aus dem sich gesetzmäßig alle Weltkörper entwickeln, könne nicht nur die Entstehung der Erde, sondern die des Weltgebäudes ohne einen Schöpfer erklärt werden. Gleichzeitig könne „mit der Bildung der Weltkörper zugleich die Erzeugung so großer Grade der Hitze“ und das Leuchten der Sonne und der Sterne begreiflich gemacht werden. „Die größeren (Weltkörper, d. Verf.) müßen die große Hitze erhalten haben, so daß es bis zum Leuchten kam.“ [6; IX, D]
Die von ihm veröffentlichten Aufsätze im „Göttinger Taschenkalender“ „über das Weltgebäude“ zeigen, daß es *Lichtenberg* nicht nur darauf ankam, die Entstehung der Erde aufzuzeigen, sondern die Menschen auch die gesetzmäßige Entstehung und Entwicklung der Sonne, der Planeten und Kometen zu lehren.
Lichtenberg erkennt die Lehre der Entwicklung nicht nur in der Kosmogonie an, sondern sie ist für ihn auch eine allgemeine Gesetzmäßigkeit, die überall in der Natur herrscht. So zeigt z. B. sein Artikel „Physiologie des Laufes menschlichen Lebens“, daß er in dem gesamten Ablauf des individuellen menschlichen Lebens eine große Entwicklungslinie sieht, durch die der Mensch von einer niederen Stufe zu immer höheren und komplizierteren Entwicklungsstadien gelangt.
Auch in der Biologie stimmt *Lichtenberg* der Lehre von der Entwicklung zu. Er lehnt den Satz omnia ex ovo ab und beruft sich, wie andere Denker auch, auf die Äußerung *Buffons*, daß Tiere durch Fäulnis und Gärung entstehen. „Freilich“, so heißt es in dem Brief an *Wolff*, „keine Läuse und Flöhe, da bewahre Gott vor, sondern eine simple Art von Thieren und diese nur allein.“ [7; Bd. 2, S. 182]

4.4. Der bedeutende Naturforscher und Hochschullehrer

Lichtenberg lehrt die neuesten Ergebnisse der Experimentalphysik, die Probleme der Chemie und Kosmogonie nicht nur in seinen Vorlesungen, sondern er macht darüber hinaus viele Menschen auch außerhalb der Universität damit bekannt. Seine Bemühungen, ein vollständiges Bild der Naturlehre nach ihrem neuesten Entwicklungsstand zu geben, ist vor allem aus seinen Überarbeitungen des Kompendiums „Anfangsgründe der Naturlehre“ von *Erxleben* zu ersehen.
Als *Lichtenberg* mit seinen Physikvorlesungen beginnt, greift er auf

das Buch seines verstorbenen Freundes und Vorgängers zurück und überarbeitet die 3., 4., 5. und 6. Auflage. Die Zusätze und Veränderungen, die *Lichtenberg* vornimmt, sind nicht gering. Er schreibt völlig neue Kapitel. Wenn auch bei den von *Lichtenberg* überarbeiteten Ausgaben der Titel des Buches der alte bleibt, „Erxlebens Anfangsgründe der Naturlehre", so kann man doch sagen, daß dieses Kompendium *Lichtenbergs* Werk ist. Welch eine Bedeutung die dritte von ihm überarbeitete Auflage hat, geht allein daraus hervor, daß diese Auflage nach $1^1/_2$ Jahren vergriffen ist. *Lichtenberg* schreibt an *Sömmering*: „Können Sie glauben, daß eine gantze starke Auflage von diesem Buch in $1^1/_2$ Jahren so abgegangen ist, daß kaum $^1/_3$ meiner Herren Zuhörer, deren heuer 114 sind, das Buch hat bekommen können?" [7; Bd. 2, S. 278]

In dem Kompendium sieht *Lichtenberg* einen Leitfaden und ein Nachschlagewerk für die von ihm dargelegten Probleme in den Vorlesungen. Er hält seine Vorlesungen auch ohne dieses Kompendium. *Lichtenberg* ist sich dieses „unerhörten" Verfahrens, für das er als Vorbild den berühmten *Ferguson* in London angibt, bewußt.

Das von ihm ständig überarbeitete Kompendium ist eines der bedeutendsten naturwissenschaftlichen Lehrbücher seiner Zeit. Mit diesem Buch, für dessen vier überarbeitete Auflagen er viel Kraft und Zeit verwendet, gibt er durch die Zusätze und Anmerkungen den Studenten und Gelehrten ein Werk in die Hand, das ihnen die neuen Erkenntnisse und Probleme und die Fülle der Literatur auf den einzelnen Gebieten der Physik vermittelt.

Goethes Urteil über das von *Lichtenberg* bearbeitete Kompendium lautet:

> So ruhen meine Natur-Studien auf der reinen Basis des Erlebten; wer kann mir nehmen, daß ich 1749 geboren bin, daß ich (um vieles zu überspringen) mich aus „Erxlebens Naturlehre" erster Ausgabe treulich unterrichtet, daß ich den Zuwachs der übrigen Editionen, die sich durch *Lichtenbergs* Aufmerksamkeit grenzenlos anhäuften, nicht etwa im Druck zuerst gesehen, sondern jede neue Entdeckung im Fortschreiten sogleich vernommen und erfahren, daß ich Schritt für Schritt folgend die großen Entdeckungen der zweiten Hälfte des achtzehnten Jahrhunderts bis auf den heutigen Tag wie einen Wunderstern nach dem anderen vor mir aufgehen sehe. [19; S. 26]

Alle Aufzeichnungen und Briefe *Lichtenbergs* zeigen immer wieder, daß sich seine Interessen über eine breite Skala ausdehnen. *Lichten-*

berg darf wohl als einer der Männer des 18. Jahrhunderts betrachtet werden, die der ganzen Fülle des geistigen Lebens am aufgeschlossensten gegenüberstehen. Mit seinem wachen Geist umfaßt er alle Gebiete der Naturwissenschaft seiner Zeit. So regen ihn z. B. seine Versuche auf dem Spezialgebiet der Elektrizität zu dem Gedanken über die Möglichkeit elektrischer Telegraphie an. In seinem Sudelbuch schreibt er:

Mit elektrischen Ketten ließen sich Signale geben, Längen nicht weit entlegener Orte bestimmen usw. Es ließen sich vielleicht Ströme dazu gebrauchen, wenigstens auf eine gewisse Strecke. [3; F 39]

Jedoch ist es ihm hierbei, wie auch bei manchen anderen Experimenten, nicht möglich, diese in einem noch größeren Maßstabe durchzuführen und so zu neuen Entdeckungen zu kommen.
Aus den Erkenntnissen seiner exakten Versuche, aus der Tiefe seiner aufgeschlossenen Gedankenwelt gibt er Anregungen und Vorschläge. So hat *Lichtenberg* mit seinen elektrischen Figuren *E. F. F. Chladnis* Aufmerksamkeit erregt. Von den Erkenntnissen des Göttinger Physikprofessors ausgehend, gelangt *Chladni* zu der Entdekkung der Klangfiguren. Im Jahre 1793 weilt *Chladni* in Göttingen. *Lichtenberg* notiert zwischen dem 25. Februar und 8. März in sein Tagebuch öfter den Besuch *Chladnis.* Die Unterhaltungen, die beide Gelehrten miteinander führten, scheinen für *Chladni* sehr fruchtbar und anregend gewesen zu sein. In seinem Buch über die „Feuermeteore“ gesteht er ein, daß er die Anregung zu seiner kosmischen Meteor-Theorie der Unterredung mit *Lichtenberg* zu verdanken habe. *Lichtenberg* schätzt *Chladni* sehr. In einem Empfehlungsschreiben an den Arzt und Astronomen *W. M. Olbers* spricht sich *Lichtenberg* anerkennend über den jungen Gelehrten aus:

Sie werden in ihm einen Mann von sehr tiefen Einsichten nicht blos in alles was die Natur der Töne, sondern Physik überhaupt angeht, finden.

In der Bewertung als Naturforscher kann *Lichtenberg* als ein „Bote“ betrachtet werden. Das aber hindert ihn an einer Spezialisierung. Er vertieft sich nicht in die Einzelforschung bei der Klärung und Untersuchung einzelner wissenschaftlicher Probleme und kommt nicht über bestimmte Ansätze hinaus. Das zeigt sich vor allem darin, wie er bei den Untersuchungen über das spezifische Gewicht 1781 den Weg findet, Seifenblasen, mit Wasserstoff gefüllt, steigen zu lassen. *Lichtenberg* löst durch eigene Untersuchungen das Problem, Körper in die Luft steigen zu lassen, zu der Zeit, als *Montgolfier* den Ballon erfunden hat.

Die Frage, warum *Lichtenberg* nicht über jene Ansätze hinaus zu neuen bedeutenden Entdeckungen gelangte, kann man nicht allein, wie noch heute in Arbeiten und Artikeln über *Lichtenberg* zu lesen ist, aus den persönlichen psychischen Ursachen heraus beantworten.

Lichtenberg selbst ist es, der nicht nur persönliche Gründe für seine in kleineren Spezialarbeiten sich erstreckenden Versuche anführt, sondern auf die fehlenden finanziellen Mittel für größere Untersuchungen hinweist: „... Hätten wir nur mehr reiche Physikliebhaber oder mehr reiche Faullentzer ..." [7; Bd. 2, S. 116] Aber auch diese von *Lichtenberg* selbst gegebene Begründung deckt nur einen Teil der Ursachen auf.

Lichtenberg war weit vorausschauend. Er gab Anregungen und Anstöße zu weiterführenden wissenschaftlichen Untersuchungen und Arbeiten. Seine Denkanstöße bezogen sich jedoch weniger auf anwendbare Probleme in der Praxis, sondern weitaus mehr auf grundlegende theoretische Fragen. Den direkten Nutzen stellt *Lichtenberg* nicht in den Mittelpunkt seines Strebens. In seinem Manuskript zu seiner Vorlesung am 23. April 1788 notiert er: Man habe die Vorlesungen

> mit Beispielen von dem Nutzen dieser Wissenschaft angefüllt. Hierin ist man sicherlich oft zu weit gegangen und hat diesen Versicherungen auf treuen Glauben Stunden geschenkt, die man besser den Lehren selbst gewidmet hätte, von denen sich der Nutzen selbst ergibt. [6; VIII, A 12]

Für *Lichtenberg* sind die allgemeinen theoretischen Fragen der Naturforschung, unter denen viele sind, die in eine philosophische Problematik einmünden, weitaus wichtiger. Doch hatte er nicht das Glück, daß das, was ihn beschäftigte, was er durchgearbeitet und wissenschaftlich bewiesen hatte, was er seine Studenten und Leser lehrte und worüber er mit vielen bedeutenden Denkern in Europa sprach und korrespondierte, eine allgemeine Forderung seiner Zeit war. In einem engeren Kreis der Wissenschaftler jedoch fanden diese von ihm aufgeworfenen Probleme Achtung und Anerkennung. Das ist u. a. aus einem Brief *Alexander v. Humboldts* zu ersehen.

In diesem Brief vom 21. April 1792 wirft er einige allgemeine Fragen aus dem Grenzgebiet der Physik und Chemie auf, die eine allgemeine philosophische Beantwortung erfordern, und meint, daß darüber nicht Fachwissenschaftler, sondern *Kant* oder *Lichtenberg* entscheiden sollten. „Das Bedürfnis eine Kritik der allgemeinen Naturwissenschaft zu schreiben ist größer als je.“ (*Leitzmann:* Aus Lichtenbergs Nachlaß. S. 180.)

Obwohl *Lichtenberg* nicht zu neuen Entdeckungen gelangt ist, gehört er zu den hervorragenden Gelehrten seiner Zeit. Die allgemeine Bedeutung, die *Lichtenberg* in seiner Tätigkeit als Naturforscher hat, macht ihn zu einer der bedeutendsten Persönlichkeiten unter den Gelehrten Deutschlands. Sein Ruf dringt weit über die Grenzen Göttingens und Deutschlands hinaus. Setzt man als Maßstab für die Leistungen eines Gelehrten die Anerkennung, die ihm durch wissenschaftliche Institutionen zuteil geworden sind, so sprechen die folgenden Aufzählungen für die allgemeine Bedeutung, die *Lichtenberg* für die Wissenschaft seiner Zeit gehabt hat:

Lichtenberg ist Mitglied der Göttinger Akademie der Wissenschaften, der Royal Society, der Petersburger Akademie der Wissenschaften und Gesellschaften der Naturforscher in Halle und Danzig gewesen. Er erhielt eine Berufung nach Leyden, lehnte aber ab.

Welch einen bedeutenden Klang sein Name gehabt hat, zeigen auch die Besuche hervorragender Persönlichkeiten, die nach Göttingen kamen und nicht versäumten, bei *Lichtenberg* vorzusprechen. Zu ihnen gehörten *Volta,* der berühmte Arzt und Physiker aus Padua, *Scarpa, de Luc* und *Chladni.* Auch *Lessing* und *Goethe* nehmen regen Anteil an seinen naturwissenschaftlichen Arbeiten, und *Georg Forster* ist einer der besten Freunde und Mitarbeiter *Lichtenbergs.*

So kann man auch die Achtung, die hohe Anerkennung und Bewunderung verstehen, die ihm von solchen Männern wie *Alexander von Humboldt, Herschel, Goethe, Lessing* und *Hufeland* entgegengebracht wurden. *Alexander von Humboldt,* der zwei Semester, von Ostern 1789 bis Ostern 1790 in Göttingen studiert und auch bei *Lichtenberg* Vorlesungen gehört hat, hinterläßt uns in einem seiner Briefe an *Lichtenberg* wohl eines der besten Zeugnisse seines Göttinger Physiklehrers:

Meine Göttinger Freunde melden mir oft die Fortschritte, welche Sie zu der völligen Genesung machen. Erlauben Sie mir, Lieber, herzlicher Mann! daß ich Ihnen von ganzer Seele Glück dazu wünsche. Leben und

Tod, Erhaltung und Auflösung organischer Theile, sind im individuellen Menschen und Pflanzenleben gleichgültig. Aber ein Leben, wie das Ihrige, dessen erfreut sich, das genießet jeder mit, dem der beglückende Sinn für Erweiterung der Wahrheit und philosophischer Erkenntnisse nicht erstorben ist. Wenn man für Freundschaft und Wohlwollen danken könnte, so müßte ich Ihnen viel danken. Ich achte nicht bloß auf die Summe positiver Kenntnisse, die ich Ihrem Vortrage entlehnte – mehr aber auf die allgemeine Richtung, die mein Ideengang unter ihrer Leitung nahm. Wahrheit an sich ist kostbar, kostbarer aber noch die Fertigkeit, sie zu finden.

Auch *Goethe* erkennt *Lichtenberg* als einen der bedeutendsten Naturforscher an, dessen allgemeine Naturbetrachtungen von ihm sehr beachtet werden. In seinen Briefen und Werken greift er vielfach auf *Lichtenbergs* physikalische Schriften und Naturanschauung zurück. Öfter weist *Goethe* auf die wohl humoristische Darstellungsart *Lichtenbergs* hin, erkennt aber auch, daß sich dahinter das Ringen um richtige Erkenntnis der komplizierten Naturerscheinungen verbirgt. Er nennt *Lichtenberg* einen „heiteren“ Naturforscher und notiert in den Heften „Zur Naturwissenschaft“ 1823 zurückschauend:

Lichtenbergs Schriften können wir uns als der wunderbarsten Wünschelrute bedienen; wo er einen Spaß macht, liegt ein Problem verborgen.

Als *Goethe* 1783 in Göttingen weilt – er hat sich mit *Carl von Stein*, dem Sohn der Frau *von Stein*, auf der Reise vom Brocken nach Kassel befunden –, stattet er *Lichtenberg* einen Besuch ab. Leider ist uns nicht bekannt, welche Fragen im Mittelpunkt ihrer Unterhaltung gestanden haben. Aber immer wieder werden beide Denker durch naturwissenschaftliche Probleme zusammengeführt. Die Anerkennung des Göttinger Physik-Professors durch *Goethe* zeigt sich wohl am deutlichsten darin, daß er großen Wert auf *Lichtenbergs* Urteil über seine Farbenlehre gelegt hat. Er sendet *Lichtenberg* im April 1794 das Manuskript zu. Von dieser Zeit an verbindet beide Denker ein Briefwechsel über „optische Dinge“, wie *Goethe* an *Schiller* schreibt. Leider sind diese Briefe nicht mehr erhalten, es sind nur jene kurzen Mitteilungen vorhanden, die den Buchsendungen und den Übermittlungen eigener Artikel und Werke beigefügt worden sind. Ein abschließendes Urteil *Lichtenbergs* über die Farblehre *Goethes* ist nicht bekannt. Jedoch ist aus seinen Aufzeichnungen zu ersehen, daß er sich mit den von *Goethe* aufgeworfenen Problemen der farbigen Schatten beschäftigt hat. „Die gefärbten Schatten verdienen gewiß die größte Aufmerksamkeit des Naturforschers. Die meisten denken zu leichtsinnig davon“, und *Lichtenberg* nennt in diesem Zusammenhang als Hauptbuch ein französisches Werk, dessen Verfasser „fast ganz Herrn von *Goethe's* Idee“ habe. *Lichtenberg* scheint aber dem Grundgedanken *Goethes*, daß den Farben ein Urphänomen zugrunde liege, nicht zustimmen zu können.

Ich glaube doch noch immer, daß vieles bey Auflösung des Problems von den gefärbten Schatten auf einer genauen Erörterung dessen beruht, was wir Weiß nennen, [1; Bd. 1, S. 264]

vermerkt *Lichtenberg*, und er schließt daran den Gedanken an, daß nicht nur alle Farben bei der Reflektion eines weißen Körpers vorhanden sein müssen, sondern daß die Farben auch im richtigen quantitativen und qualitativen Verhältnis zueinander stehen müssen. „Wo ist aber in der Welt dieses zu erwarten? als etwa beym reinsten Sonnenlicht ...“ In diesem Zusammenhang wirft *Lichtenberg* die Frage nach der Farbe des Himmels auf.

Wenn *Goethe* und der französische Verfasser über die Schatten Recht hätten, so könnte der blaue Himmel bloß der durch das Tageslicht erleuchtete Schatten seyn, den das Licht der anderen Gegenstände im Auge wirft. [1; S. 267]

Diese und andere Aufzeichnungen zeigen, daß *Lichtenberg* sich von dem Gedanken *Goethes* distanziert und die Lehre *Newtons* vertritt. *Goethe* aber, überzeugt von der Richtigkeit der von ihm aufgeworfenen Problematik, beklagt sich bei *Schiller* über *Lichtenberg*. (Brief vom 21. 11. 1775)

... in seiner neuen Ausgabe von *Erxlebens* Kompendio meiner Versuche auch nicht einmal erwähnt, da man doch gerade nur um des Neuesten willen ein Kompendio wieder auflegt, und die Herren in ihre durchgeschoßnen Bücher sich sonst alles geschwind genug zu notieren pflegen ...

Goethe erkennt damals nicht, daß seine Versuche und Gedanken die Wissenschaft in der Lösung der Frage nicht vorangebracht haben und deswegen von *Lichtenberg* in seiner gewissenhaften Art eines Naturforschers nicht in dem von ihm bearbeiteten *Erxleben*schen Kompendium aufgenommen werden konnten. Erst als *Goethe* in späteren Jahren seinen Irrtum in der Darlegung der Farbenlehre einsieht, findet er noch stärker als zu Lebzeiten *Lichtenbergs* anerkennende Worte sowohl für die naturwissenschaftlichen Leistungen als auch für die schriftstellerische Tätigkeit des Göttinger Physikprofessors. So greift *Goethe* z. B. in den Heften „Zur Naturwissenschaft" verschiedene Gedanken *Lichtenbergs* auf und notiert u. a.:

In den großen leeren Weltraum zwischen Mars und Jupiter legte er auch einen heiteren Einfall. Als *Kant* sorgfältig bewiesen hatte, daß die beiden genannten Planeten alles aufgezehrt und sich zugeeignet hätten, was nur in diesen Räumen zu finden gewesen von Materia, sagte jener scherzhaft nach seiner Art: Warum sollte es nicht auch unsichtbare Welten geben? Und hat er nicht vollkommen wahr gesprochen? Sind die neu entdeckten Planeten nicht der ganzen Welt unsichtbar, außer den wenigen Astronomen, denen wir auf Wort und Rechnung glauben müssen?

5. LICHTENBERGS PHILOSOPHISCHE ANSICHTEN

Als Naturforscher und Professor für Experimentalphysik ist *Lichtenberg* nicht nur daran interessiert, daß die Studenten in seinen Vorlesungen fachwissenschaftliche Kenntnisse erhalten, sondern daß sie auch die philosophischen Probleme, die sich aus den Naturwissenschaften ergeben, erkennen. Die Naturwissenschaften haben für *Lichtenberg* keinen Selbstzweck. Die Kenntnisse von der Natur, von den wissenschaftlichen Entdeckungen, von den in der Natur herrschenden Gesetze sollen den Menschen helfen, sich aus der ideologischen Bevormundung der Kirche und des Feudalstaates zu befreien. Der Mensch soll sich durch die Naturwissenschaft seiner Kraft bewußt werden. Er soll begreifen lernen, daß er nicht unerkennbaren Mächten, die über ihn herrschen, gegenübersteht, sondern daß die Vielfalt der Natur erkennbar ist. Mit Hilfe der Naturwissenschaft soll der Mensch zu einem neuen Selbstbewußtsein erzogen werden, das ihm die Kraft, den Stolz und die Würde des Menschen der bürgerlichen Gesellschaft verleiht. In diesem Grundanliegen weiß er sich eins mit bedeutenden Persönlichkeiten seiner Zeit.

5.1. Der Begriff der Natur

Wie sein ganzes Leben und seine Arbeiten, so wird auch seine Naturauffassung von seiner Tätigkeit als Naturforscher bestimmt. Ja, er verurteilt die philosophischen Lehren, die vom praktischen Leben fortführen, und fordert, sie sollten der Wirklichkeit immer näher kommen. [3; E 4] Es gibt für ihn keine Naturlehre, die nicht auf Erfahrungen und Versuche aufbaut. „Alles was sich nicht darauf stützt sind Träume und keine Naturlehre." [6; VII, E 7] Die Wirklichkeit ist für ihn Ausgangspunkt seiner philosophischen Betrachtungen.

So ist es auch nicht verwunderlich, daß *Lichtenberg* seine Vorlesungen oft mit der einfachen Frage beginnt: „Also erstlich was ist Natur?" [6; VII, A 12] In der Beantwortung dieser Frage geht *Lichtenberg* von der Lehre *Spinozas* aus. Wie für *Lessing, Herder, Goethe,* so ist auch für *Lichtenberg* der Spinozismus die bedeutsamste Weltanschauung. Gleich allen anderen deutschen Denkern der Aufklärung nimmt auch *Lichtenberg* an der *Spinoza*-Debatte teil und verteidigt *Lessings* Gedanken.

In seinem Sudelheft notiert *Lichtenberg*, daß

> *Spinoza* den größten Gedanken dachte, der noch in eines Menschen Kopf gekommen ist. [3; J 277]

Die Lehre *Spinozas* von der einheitlichen, alles umfassenden Natur bildet bei *Lichtenberg* die breite philosophische Grundlage für seine Naturauffassung. Das stärkste Zeugnis für den Spinozismus, der die Grundlage seiner Naturanschauung bildet, legt *Lichtenberg* in einem Brief an *Ramberg* vom 3. Juli 1786 nieder:

> Kaum hatte sich Herr *Lavater* nieder gesetzt (*Leß* war mit dabey), so kamen wir von ohnegefehr auf *Mendelsohn*, *Leßing*, *Jacobi* und Spinotzismus zu sprechen. Da ich nun (offenhertzig) den *Spinoza* seit der Zeit, da ich ihn verstand, für einen gantz außerordentlichen Kopf hielt, so nahm ich mir, zwischen diesen beyden Theologen vor, mich seiner anzunehmen. Ich sagte also, daß ich glaubte tieferes Studium der Natur, noch Jahrtausende fortgesetzt, werde endlich auf Spinozismus führen, welches dieser große Mann vorausgesehen. So wie unsere Kenntniß der Körper-Welt zunehme, so verengerten sich die Gräntzen des Geisterreichs. Gespenster, Dryaden, Najaden, Jupiter mit dem Bart über den Wolcken pp seyen nun fort. Das eintzige Gespenst, was wir noch erkennten, sey das, was in unserm Körper spucke und Würkungen verrichte, die wir eben durch ein Gespenst erklärten, so wie der Bauer das Poltern in seiner Kammer; weil der hier, sowie wir dort die Ursachen nicht erkannten. Träge Materie sey ein bloses menschliches Geschöpf und etwa blos ein abstrakter Begriff; wir eigneten nehmlich den Kräfften eine träge Basis zu und nannten sie Materie, da wir doch offenbar von Materie nichts kennten, als eben diese Kräffte. Die träge Basis sey blos Hirngespinst. Daher rühre das infame Zwey in der Welt. Leib und Seele, Gott und Welt. Das sey aber nicht nöthig. Wer habe denn Gott erschaffen? Der feine Organismus im Thierischen und Pflantzen Körper rechtfertige nur hier Bewegung dependent von der Materie anzunehmen. Mit einem Wort alles was sey, das sey Einz, und weiter nichts! Unum et omne. Alles dieses sagte ich ihm. [7; Bd. 2 ,S. 282]

Offen, sowohl in Vorlesungen und Streitgesprächen als auch in Artikeln, bekennt sich *Georg Chr. Lichtenberg* zum Spinozismus. Es ist offensichtlich, daß er auch mit *Lessing* diese philosophischen Probleme in Briefen berührt hat. Der Brief *Lessings* an *Lichtenberg* vom 23. Januar 1780, der als einziges Zeugnis des Briefwechsels zwischen beiden bedeutenden Männern uns überliefert ist, zeigt, daß *Lessing Lichtenbergs* ablehnende Haltung zur Theologie kennt. Auch *Lichtenberg* sind die Gedanken *Lessings* über theologische und philosophische Probleme bekannt gewesen. Beide Gelehrten stimmen dem materialistischen Gedankengut des Spinozismus zu und lehnen die Lehre eines personifizierten Gottes, eines Wesens außerhalb der Natur ab. *Lichtenberg* sagt, das seien „unnütz frömmelnde Anspielungen". [3; J 1323] Im Spinozismus sieht *Lichtenberg* die kommende Weltanschauung.

Wenn die Welt noch eine unzählbare Zahl von Jahren steht, so wird die Universalreligion geläuterter Spinozismus sein. Sich selbst überlassene Vernunft führt auf nichts Andres hinaus, und es ist unmöglich, daß sie auf etwas Andres hinausführe. [2; Bd. 1, S. 78]

Dabei faßt *Lichtenberg* den Begriff der Religion nicht als eine Lehre des Glaubens auf, sondern als eine Lehre des Wissens um die wirklichen Ereignisse in der Natur, die sowohl von dem Verstand anerkannt als auch von dem Herzen begriffen werden könne. [3; J 287] *Lichtenberg* ist überzeugt, daß nur im Spinozismus die Möglichkeit liegt, auch die Empfindungen und Gefühle in die einheitliche Naturbetrachtung mit einzubeziehen und den Menschen und die Natur in ihrer Vielfältigkeit und Kompliziertheit als einheitliches Ganzes zu sehen.

Obwohl *Lichtenberg Spinoza* hoch schätzt, begnügt er sich nicht mit der Darlegung der Grundgedanken seiner Lehre. *Lichtenberg* greift bei seiner Naturbetrachtung die neuesten Ergebnisse der Naturwissenschaft auf, verallgemeinert sie und bereichert damit seine Naturauffassung. Vor allem läßt er die Erkenntnisse der materialistischen Tierpsychologie, die von dem englischen materialistischen Empirismus stark beeinflußt worden ist, in seine Ansichten über die Natur einmünden.

Dabei gelangt *Lichtenberg* zu der nicht unbedeutenden Erkenntnis, daß die gleiche körperliche Beschaffenheit von Mensch und Tier nicht das wesentliche Merkmal beider Lebewesen, sondern der Unterschied das Bestimmende für Mensch und Tier sei. Dieser Unterschied wird von ihm durch die Physiologie und Anatomie beider Lebewesen, durch die Größe und Beschaffenheit des Gehirns, charakterisiert. Das hauptsächliche Unterscheidungsmerkmal aber ist für *Lichtenberg* die Eigenschaft des Denkens, die er nur dem Menschen zuerkennt. Das Denken ermögliche dem Menschen, in das Vergangene und in das Zukünftige zu sehen. Die Sicht in das Vergangene, die Erinnerungen sind *Lichtenberg* für das menschliche Denken nicht so wichtig wie das „Vorgefühl" für das Künftige. Nur weil der Mensch vorwärts denkt, könne er erzogen werden. [3; L 375]

Ein wichtiger Gedanke in *Lichtenbergs* Naturanschauung ist, daß ihm die Natur als „das unermeßliche Ganze" an keiner Stelle ausschöpfbar oder endlich ist.

Nur ja keine Materie für erschöpft anzusehen; es gibt überall noch etwas. [1; Bd. 9, S. 140]

Die Unendlichkeit der Welt, der Natur, besteht für *Lichtenberg* nicht nur in der Anerkennung der unendlichen Vielzahl der Erscheinungen, in ihren unendlichen Wechselwirkungen und in der Unendlichkeit des Makrokosmos, sondern auch in der des Mikrokosmos. Den Begriff der Unendlichkeit innerhalb des Mikrokosmos setzt er gleich mit dem der Teilbarkeit. Obwohl *Lichtenberg* die mechanische Ansicht der Atomisten von der Unteilbarkeit der Atome ablehnt, bekennt er sich zu den materialistischen Grundgedanken dieser Lehre, setzt sich für die Atomistik ein und verteidigt sie gegen ungerechte Angriffe.

Allein dessen ungeachtet hat die atomistische Lehre etwas Vorzügliches: 1. Sie schließt sich mehr an die gewöhnlichen Begriffe an, und auch das muß respektiert werden; 2. ist sie für die Mathematik brauchbar, und erleichtert die Anwendung derselben auf die Natur. Dieses System wird immer ein vortreffliches Bild bleiben. [1; Bd. 9, S. 165]

Die Natur ist für *Lichtenberg* das „Eine", „Unum et omne". Als Naturforscher gebraucht er aber nicht den bei *Spinoza* üblichen Begriff der Substanz, sondern setzt dafür den der Natur. Wie für *Spinoza* die Substanz die Wechselwirkung und den Zusammenhang aller Einzeldinge umfaßt, so sind für ihn der ganze Reichtum und die Vielfalt der uns umgebenden Welt, die unendliche Zahl der einzelnen Erscheinungen nur verschiedene Äußerungen der einheitlichen Natur. Sie ist das „unermeßliche Ganze", die Einheit und Mannigfaltigkeit der Körper. In ihrer Einheit ist ihm die Natur selbst die Quelle aller Zusammenhänge der Erscheinungen in der Körperwelt, in der „tausend Veränderungen vorgehen" und „überall Kräfte wirksam sind, Bewegung und Wechsel hervorzubringen". [6; VII, E 7]

Die einheitliche aus sich selbst zu erklärende Natur ist für *Lichtenberg* das Primäre. Sie ist die Wirklichkeit, die den Menschen umgibt und die er als „reell" vorhanden anerkennen muß. Als Naturforscher hängt für ihn die Erkenntnis der Wirklichkeit durch den Menschen nicht davon ab, ob der Mensch dieselbe erkennen wolle oder nicht.

Die Erkenntnis ist für ihn ein „Naturzwang“, ein der Wirklichkeit entsprechendes Prinzip. [2; Bd. 1, S. 93]

Mit der Anerkennung des Primates der Natur schließt er den Gedanken der Existenz eines außerhalb der Natur herrschenden Wesens aus. Nur die Natur ist der Ausgangspunkt der menschlichen Erkenntnis, sie ist das „Laufseil“ der Gedanken:

Leute nennen wir rasend, wenn sich die Ordnung ihrer Begriffe nicht mehr aus der Folge der Begebenheiten in unserer ordentlichen Welt bestimmen läßt, deswegen ist gewiß eine sorgfältige Betrachtung der Natur oder auch die Mathematik das sicherste Mittel wider Raserey, die Natur ist so zu sagen das Laufseil, woran unsere Gedanken geführt werden, daß sie nicht ausschweifen. [3; A 102]

Von dieser Warte der materialistischen Betrachtungsweise der Natur her hält es *Lichtenberg* für möglich, die Natur in ihrer gesamten Einheit zu erforschen, ihre Geheimnisse aufzudecken und die in ihr herrschenden Gesetze zu erkennen. Daher sieht er die Aufgabe der Professoren „als Verwalter (so nennen sich die physischen Päbste auf Universitäten) der allgemeinen Physic und Chymie“ in der Erforschung des Zusammenhanges der Dinge.

Nicht bloß fragen, wie hängt alles in *dieser* Wissenschaft zusammen, sondern wie verträgt es sich mit dem Gantzen. Das macht *Newtons* allgemeine Schwere so reizend für den Verstand, ich begreife daraus so gut warum wir an der Sonne kleben, als warum der Thautropfen rund ist. [7; Bd. 2, S. 181]

Von diesem philosophischen Standpunkt her nimmt er auch zu fachwissenschaftlichen Fragen Stellung. *Lichtenberg* ist wie *Euler* der Auffassung, daß die Materie kontinuierlich sei. Das bedeutet nicht, daß *Lichtenberg Newtons* Lehre vom Licht, die trotz der Erkenntnis *Huygens'* noch die Vorherrschaft hat, ablehnt. Die im 9. Band seiner Vermischten Schriften zusammengestellten Aufzeichnungen über das Licht verdeutlichen seine Bemühungen um die Klärung der Frage: Kontinuität oder Diskontinuität des Lichtes. Doch auch hier, wie bei seiner Auffassung über die Natur der elektrischen Erscheinungen, geht *Lichtenberg* von dem spinozistischen Grundgedanken einer einheitlichen Natur aus und stellt die bedeutsame Frage, ob es nicht besser sei, beide Lehren zu vereinen.

Es kann bey einem so verwickelten Streite, wie der über die Theorie des Lichts, wo *Newton* und *Euler* an der Spitze der Parteyen stehen, nicht

mehr schlechtweg die Frage seyn, was ist hierin wahr? sondern, welche Erklärungsart ist die einfachste? Durch das Einfache geht der Eingang zur Wahrheit.
Das ‚medium tenuere beati' ist so abgebraucht, daß man nun allmählich anfangen kann, es wieder für brauchbar zu halten. Wie wäre es, wenn man am besten damit auskäme, beyde Theorien des Lichts, die *Newton*ische und die *Euler*ische, zu vereinigen? Überhaupt ist das medium tenuere beati eine goldene Regel, schon deswegen, weil die Meinungen der Parteyen ihren Grund haben, und nach der Eingeschränktheit unserer Kenntnisse jeder Respekt verdient, und auch Recht haben kann. [1; Bd. 9, S. 258–260]

Diese Gedanken *Lichtenbergs* sind für die Darlegung der materialistisch-dialektischen Ansätze in seiner Naturbetrachtung von großer Bedeutung. Er geht damit über die allgemein grob mechanische Anschauung seiner Zeit hinaus.

5.2. Die Bewegung in der Natur

Lichtenberg, der als Anhänger der Lehre *Spinozas* die Welt aus sich selbst erklärt, bemüht sich, seine Ansicht über die Bewegung mit den naturwissenschaftlichen Erkenntnissen in Übereinstimmung zu bringen. Dabei wendet er sich gegen ein weiteres Merkmal des Materialismus *Newtons. Lichtenberg* spricht in diesem Zusammenhang meistens von der Atomistik *Newtons,* deren Begrenztheit er in dem von *Newton* aufgezeigten Verhältnis zwischen den Körpern und der Bewegung sieht. Es scheint ihm mit den wissenschaftlichen Erkenntnissen nicht vereinbar, daß die Atomistik

erst die Dinge setzt, die ohne Annahme von Kräften nicht gesetzt werden können, und dann für das Übrige dennoch Kräfte annimmt. [1; Bd. 9, S. 165]

In seinem Bemühen um eine Erklärung der Bewegung in der Natur, die den wissenschaftlichen Erkenntnissen entspricht, greift *Lichtenberg* auf den von *Newton* dargelegten Gedanken der Dynamik, von der Wechselwirkung zweier entgegengesetzter Kräfte der Anziehung und Abstoßung zurück, an den auch *Kant* anknüpft.

Wenn wir das, was uns die Astronomie unwidersprechlich lehrt, nämlich, daß sich die Materie in die Entfernung zieht, unparteiisch betrachten; so sehe ich nicht ein, warum wir diesen Zug nicht eben so gut eine Grundkraft der Materie nennen wollen, als ihre Impenetrabilität. Durch erstere nähern sich die Theile der Materie, und durch die letztere wird diesem Nähern eine Grenze gesetzt. ... Stoß und Attraktion müssen als bloße Spezies eines generis behandelt werden. Dahin muß es gebracht werden, so wird *Newton* Recht haben. [1; Bd. 9, S. 162, 174]

Stoß und Attraktion sind für *Lichtenberg* die mit der Materie, mit der Natur eng verbundene Eigenschaft der Bewegung.
Mit der Anerkennung der Attraktion und Repulsion als Grundkräfte der sich bewegenden Materie, die nicht von einem höheren Wesen erschaffen seien, distanziert sich *Lichtenberg* von der idealistischen Deutung, die die Dynamik durch *Kant* erfahren hat.
Lichtenberg, der den Gedanken des einheitlichen Zusammenhanges der Natur vertritt und die mechanische Bewegung als einzige Bewegung der Natur ablehnt, kommt zu der Ansicht, daß die verschiedenen Bewegungen der Natur in ihrem komplizierten Zusammenhang ein Ausdruck der Veränderung und der Entwicklung seien. Die Natur, die Welt ist für ihn nicht ein unveränderliches Ganzes, sondern wird von ihm in ihrer Entwicklung und Veränderung betrachtet. Das Bemerkenswerte in seinen Aufzeichnungen über die Entwicklung und Veränderung ist, daß an einigen Stellen Ansätze zu den Gedanken der unterschiedlichen Bewegungen der Entwicklung zu finden sind. *Lichtenberg* sieht, daß die Entwicklung der Erde nicht nur ein „langsamer", allmählicher Prozeß ist. Diesen Gedanken verbindet *Lichtenberg* an verschiedenen Stellen mit dem Hinweis, daß Versteinerungen und Skelette von Seetieren auf dem Lande gefunden werden.

Die Veränderungen können also nicht *sehr* langsam geschehen seyn, denn sonst würden sich die Thiere mit fortgezogen haben, oder sie *würden sich noch an unseren Küsten* befinden. [6; IX, Theorie der Erde]

Die Bewegung und Veränderungen der Natur sind für *Lichtenberg* aber nicht etwas Chaotisches und erfolgen auch nicht nach der „Metaphysik". [3; J 1197] Wie *Spinoza* von der gemeinsamen Ordnung der Natur spricht, deren Ursache in ihr selbst liegt, so vertritt *Lichtenberg* den Gedanken, daß sich die Natur nach dem ihr innewohnenden „Plan" richtet. [3; J 1197] Die „ewigen Gesetze" der Natur lägen in ihr selbst begründet. [3; B 134] Sehr ausführlich legt *Lichtenberg* in den Vorlesungen über Experimentalphysik seine Gedanken über die in der Natur herrschenden Gesetze dar:

Bei der sorgfältigen Beobachtung der Natur werden wir bald gewahr, daß gewisse Erscheinungen unter gewissen Umständen sich immer wieder ereignen, wir mögen sie so oft wiederholen als wir wollen. [6; VII, A 12]

Daraus wäre zu schließen, notiert *Lichtenberg* in seinen Vorlesungsaufzeichnungen,

daß diese Erscheinungen gewissen Regeln unterworfen sind, nach denen sie sich richten. Solche Regeln pflegt man Naturgesetze zu nennen. [6; VII, A 12]

Lichtenberg erkennt den objektiven Charakter der Gesetze an, den er dadurch bestätigt, daß er mit seinen Versuchen diese „Regeln" aufsucht und beweist. Die Experimente sind ihm „der augenscheinliche Beweiß, daß sie wirklich da sind". Als Beispiel führt er das Fallgesetz, „Gesetze der Bewegung, Gesetze des Stoßes der Körper, der Beugung des Lichtes, des Druckes" an. [6; VII, A 12]
In der Entwicklung und Bewegung der Natur versucht *Lichtenberg* z. B. die Wirkungsweise des Zufalls als eine Erscheinungsform des objektiven Zusammenhanges zu erklären. Diese Gedanken führt er an einigen Stellen seiner Artikel „über das Weltgebäude" im Göttinger Taschenkalender aus, in denen er sich bei der Darstellung der historischen gesetzmäßigen Entstehung der Himmelskörper zu einem Teil auf *Kant* stützt.
In dem Entwicklungsprozeß der Himmelskörper, so stellt *Lichtenberg* es dar, herrsche nicht nur die Notwendigkeit, sondern auch der Zufall. Zwischen der Entwicklung der Himmelskörper, ihrer „Ballung" und ihrer Geschwindigkeit und Lage bestände ein notwendiger Zusammenhang. Die Himmelskörper können in diesem Entwicklungsprozeß nur eine bestimmte Lage und Geschwindigkeit einnehmen, die den objektiven Gesetzen entspricht. Das sei den Himmelskörpern nicht von einem außerhalb der Natur existierenden Wesen vorgeschrieben, sondern dieser objektive notwendige Entwicklungsprozeß sei in dem Zufall zum Durchbruch gekommen.

Was sich um unsere Sonne bewegt, sind die Körper, denen der Zufall gerade bey ihrer Ballung die Geschwindigkeit und Lagen gab, die dieselben in diesen Bahnen erhalten konnten. [1; Bd. 6, S. 361]

Den Gedanken, die Welt sei ein Werk des Zufalls, lehnt er strikt ab. Der Zufall ist ihm nichts anderes als eine Form des Zusammenhanges in der Welt, der mit der objektiven Gesetzmäßigkeit verbunden war.

Die hier aufgezeigten Ansichten *Lichtenbergs* besagen natürlich nicht, daß der Göttinger Physikprofessor die Dialektik zwischen Notwendigkeit und Zufall vollkommen erkannt hätte.
Doch gelingt es *Lichtenberg*, und das ist ein bedeutendes Verdienst von ihm, die einfache mechanistische Darlegung in einigen wesentlichen Zügen zu überwinden und zu einer tieferen Erkenntnis der Kausalität und des Determinismus zu gelangen, als es dem des mechanisch-metaphysischen Materialismus entspricht.
Diese Darlegungen philosophischer Probleme in den Vorlesungen, Kompendien und Artikeln hatten für *Lichtenberg* nur ein Ziel: den Menschen die Sinne zu öffnen, damit sie die Natur, die Erscheinungen in der materiellen Körperwelt, und die Zusammenhänge, die Gesetze erkennen.

5.3. Gegen Aberglauben und Religion

Das Hauptanliegen des Göttinger Physikprofessors *G. Chr. Lichtenberg*, durch die Vermittlung naturwissenschaftlicher Erkenntnisse die Menschen eine der Wirklichkeit entsprechende materialistische philosophische Anschauung zu lehren, ist eng mit der Auseinandersetzung mit unwissenschaftlichen Lehren, mit dem Aberglauben und der Religion verbunden. Das Studium der Natur und die Erkenntnisse des gesetzmäßigen Verlaufs in der Welt sind für *Lichtenberg* der Ausgangspunkt zur Uberwindung des Aberglaubens und Glaubens an Gott. Die Wahrheit der wissenschaftlichen Erkenntnisse ist für ihn nicht mit dem Glauben vereinbar.

> Der gute fromme Mann, der überall aus Respekt glaubt, nichts untersucht, was er vor dem 15. Jahr gelernt hat, und sein bisgen untersuchtes auf ununtersuchten Grund baut,

ist ihm ein Feind der Wahrheit [3; E 195]; denn im Glauben sieht *Lichtenberg* das stärkste Hindernis für die Wissenschaft und deren wahre Erkenntnisse.
Lichtenberg greift in seinen Artikeln nicht nur die einzelnen Formen des Aberglaubens an, sondern vermittelt auch gleichzeitig ein bestimmtes Wissen über naturwissenschaftliche Erkenntnisse. Er schreibt aber auch Aufsätze, die nur das Ziel haben, diesen oder jenen Aberglauben zu entlarven und die „Gespenstermusen“ mitsamt ihren Büchern anzuprangern. Das zeigen u. a. die Artikel „Wie

der Abt. von der Reichenau die Frösche schweigen macht", „Boten seltsamen Aberglaubens", „Vergleichung der Materie auf einem Schmetterlingsflügel mit einem Meisterstück in mosaischer Arbeit", „Auffrischung eines veralteten Gemäldes. Ein Gegenstück zum animalischen Magnetismus" u. a.

Lichtenberg ist sich bewußt, daß nicht nur die subjektiven Faktoren, Unwissenheit, Gewohnheit, Furcht, Erziehung, ein Hemmnis bei der Überwindung des Aberglaubens sind, sondern erkennt in diesem Zusammenhang auch die Rolle und die Bedeutung der Religion. Die Religion – und hier nimmt *Lichtenberg* keine bestimmte Richtung aus – wirke in bedeutendem Maße auf die Menschheit ein. Sie verteidige den Aberglauben und ließe nicht zu, daß die Menschen die wahren Zusammenhänge in der Natur erkennen.

In seinen Aufzeichnungen, Artikeln und Schriften greift *Lichtenberg* die hemmende Rolle der Religion an, die diese für die kulturell-geistige Entwicklung des Volkes spielte. Der Aberglaube wurde nicht nur von Gauklern, Taschenspielern und bestimmten Sekten verbreitet, sondern auch von Theologen, und „zwar nicht von den geringsten, schwindeln in der Cabala, haschen nach Erscheinungen und Wundergeschichten". [1; Bd. 4, S. 218]

Lichtenberg führt einen unerbittlichen und harten Kampf gegen die Theologen, die „falsch verstandene Beobachtungen mit ungeheuren und wiederum falschen Folgerungen daraus" in ihren Schriften zusammentragen und als „Weissagungen" verkaufen. Eine dieser in Deutschland weit verbreiteten Schriften waren die „Weissagungen" des Superintendenten *Ziehens*, in der der Verfasser den Untergang Europas verkündete. [1; Bd. 4, S. 214 f.]

Er nennt solche Weissagungen „abscheulich", die „nicht im geringsten mehr Aufmerksamkeit verdienen, als jede andere, die auf Jahrmärkten herumgetragen wird, und vielleicht noch weniger". Die Theologen, die den Aberglauben verteidigten, waren für ihn „Thoren und Betrüger", die die Menschen erst zum Aberglauben fähig machen, denn sie gebrauchen Teufel und Hexen als Bilder aus der „geistlichen Gewehrkammer zur Beförderung der reinen Lehre".

Lichtenberg sieht, daß die „Weissagungen" solcher Art und ihre Verteidigungen, die zur Verdummung des Menschen führen, der Aufklärung widersprechen. Anstatt die Menschen vom Aberglauben, Wunderglauben und von der Furcht zu befreien und sie zu lehren, ihre Erkenntnisfähigkeit zu gebrauchen und der Natur ihre Geheimnisse abzujagen, werden sie von solchen „Schwärmern" immer tiefer in die Unwissenheit getrieben. Darin besteht für *Lichtenberg* der Antihumanismus solcher Weissagungen. Und dieses „Unmenschliche" jener Schriften zeigt er mit scharfen anklagenden Worten, reißt es für die Menschen sichtbar auf und lehrt sie, dagegen Partei zu ergreifen.

Am stärksten zeigt *Lichtenberg* seine ablehnende Haltung und seinen Spott über die den Aberglauben verteidigende Religion in sei-

Abb. 10. „Leichtgläubigkeit, Aberglaube und Fanatismus" (Kupferstich von *Hogarth*)

ner Erklärung der *Hogarth*-Stiche „Leichtgläubigkeit, Aberglaube und Fanatismus", in der er u. a. schreibt:

Vor dem Priester liegt ein Blatt mit den Worten: J speak as a fool (ich red' als ein Thor), und dieses wollen wir ihm gern auf sein Wort glauben und weiter geben.

Doch *Lichtenberg* greift auch in den praktischen Kampf gegen Wunderdoktoren und Zauberer ein. Anfang 1777 hatte ein Wunderdoktor namens „Philadelphia" in Göttingen angekündigt, er wolle seine „Kunststücke" zeigen. Doch bevor er etwas öffentlich davon sehen lassen konnte, war eine Ankündigung „in seinem Namen geschrieben, gedruckt und öffentlich angeschlagen". Dieser Anschlagzettel – ein Einfall *Lichtenbergs* – wurde von ihm mit Hilfe *Dieterichs* und seiner Freunde in einer Nacht gedruckt. Uberall ist er am nächsten Tag in der Stadt gelesen worden. Die Reaktion auf den Anschlagzettel, auf dem *Lichtenberg* diese „Kunst" lächerlich machte und voller Ironie ihren alleinigen Zweck, die Leute zu betrügen, aufdeckte, war die sofortige Abreise dieses „Zauberers". Der gleiche Anschlagzettel wurde in Berlin im Jahre 1796 benutzt, um einem „Zauberer" anderer Art das Handwerk zu legen.
In der Vorbemerkung nennt der Herausgeber der „Berlinischen Monatsschrift", *J. Biester, Lichtenberg* einen „der vorzüglichsten Köpfe Deutschlands, der als Gelehrter in tiefsinnigsten Wissenschaften und als witziger Schriftsteller gleich berühmt ist".
Gegen den geistigen Despotismus jeglicher Art wenden sich *Lichtenberg* und auch sein Freund *Georg Forster. Forster* stellt dem geistigen Despotismus die Gedankenfreiheit gegenüber, und *Lichtenberg* hebt den ehrlichen freien Mann hervor, der sich nicht dem Adel und der Kirche beugt. Klar und unmißverständlich sagt er, daß die Verteidigung des Aberglaubens den gleichen antihumanistischen Charakter trage wie die Heuchelei und die Drohung der Religion. Diese Maßnahmen der Kirche entsprächen nicht den Idealen und Zielen der Aufklärung; denn

wir brauchen um rechtschaffen zu seyn, diese Drohungen nicht, ihr die ihr sie lehrt versteht euch entweder selbst nicht oder ist es endlich nicht anders, so treffen sie uns nicht, sondern nur die sklavisch elende Seele, die den Anblick von Gottes schrecklichen Gerichten, des höllischen Feuers und aller Teufel nöthig hat. [29; S. 50]

Aber nicht nur in seinen Schriften, sondern auch in seinem persönlichen Leben unterwirft er sich nicht der Vormachtstellung der Kirche.

Als der 42jährige *Lichtenberg Margarete Kellner* im Frühjahr 1784 kennenlernt und sie als seine Frau in seinem Hause aufnimmt, geht er nicht den üblichen Weg der kirchlichen Trauung.

Das neue Leben mit *Margarete* schenkte ihm großes Glück. Sie war herzensgut und tapfer, wurde von *Lichtenberg* geliebt und blieb seine Lebensgefährtin und seine stärkste Stütze in schweren Stunden. Sie gebar ihm von 1786 bis 1797 sieben Kinder. Selten spricht *Lichtenberg* von der Liebe, öfter über die Frauen und das Geschlecht. Die folgenden Gedanken gehören wohl zum Schönsten, was er über die Liebe sagte:

Was die wahre Freundschaft und noch mehr das glückliche Band der Ehe so entzückend macht, ist die Erweiterung seines Ichs, und zwar über ein Feld hinaus, das sich im einzelnen Menschen durch keine Kunst schaffen läßt. Zwei Seelen, die sich vereinigen, vereinigen sich doch nie so ganz, daß nicht immer noch der beiden so vorteilhafte Unterschied bliebe, der die Mitteilung so angenehm macht. Wer sich sein eigenes Leid klagt, klagt es sicherlich vergeblich; wer es der Frau klagt, klagt es einem Selbst, das helfen kann und schon durch die Teilnahme hilft. Und wer gern sein Verdienst gerühmt hört, findet ebenfalls in ihr ein Publikum, gegen welches er sich rühmen kann, ohne Gefahr, sich lächerlich zu machen. [3; L 308]

Dennoch ließ sich *Lichtenberg* später kirchlich trauen. Das kann aber nur aus der Situation und den Umständen jener Zeit verstanden werden. War auch der Glauben an die Allmacht der Kirche und ihre Dogmenlehre unter den Vertretern der Aufklärung im Schwinden, so begleiteten dennoch die kirchlichen Institutionen die verschiedenen Abschnitte des Lebens: Geburt, Eheschließung, Tod, Begräbnis. Die Kirche war dabei nicht nur traditionelle Verwalterin aller Sakramente, sondern sie trat auch als einzige Institution auf, die die rechtliche Legitimierung dieser einzelnen Schritte im menschlichen Leben vornahm.

Aber wer von den Männern, die von dem Gedanken der Aufklärung erfüllt waren, die ihre Arbeit, ihr Leben in den Dienst der vorwärtsdrängenden Entwicklung stellten und die Kirche mit ihren Dogmensätzen nicht mehr anerkannten, wollte sich in der entscheidenden Frage der Eheschließung von der Kirche abhängig machen? So finden wir viele Männer jener Zeit, die ohne kirchliche Grundlage eheliche Verbindungen eingegangen sind. Bei diesen Verbindungen war der Wille der Liebenden ausschlaggebend, ihre Zusammengehörigkeit für ein Leben lang anzuerkennen.

Bedenkt man diese hier kurz skizzierte Situation, so kann man über *Lichtenbergs* Haltung kein abfälliges Urteil sprechen. Er ging den üblichen Weg der Legitimierung seiner Ehe mit Frau *Margarete* erst dann, als die Stellung seiner Frau, ihr Leben und das ihrer Kinder rechtlich für die Zukunft gesichert werden mußten. Im Jahre 1787 erkrankte *Lichtenberg* schwer. 1789 ließ er sich in seinem Hause mit seiner Frau kirchlich trauen, damit sie als seine rechtliche Ehefrau bei seinem Tode, den er befürchtete, einen Anspruch auf Unterstützung habe.

Lichtenbergs Aufzeichnungen über Religion und Kirche zeigen, daß er wie *Lessing* und *Goethe* zu den Denkern des 18. Jahrhunderts gehört, die sich von der orthodoxen Lehre der Kirche befreien und eine ablehnende Haltung gegenüber der christlichen Orthodoxie einnehmen. *Lessing* betont in seinem bekannten und zu jener Zeit viel debattierten Gespräch mit *Jacobi*: „Die orthodoxen Begriffe von der Gottheit sind nicht mehr für mich; ich kann sie nicht genießen."

Lichtenberg notiert ähnliche Grundgedanken in seinen Sudelheften. Er schreibt u. a.:

Unsere Welt wird noch so fein werden, daß es so lächerlich seyn wird, einen Gott zu glauben, als heutzutage Gespenster. [1; Bd. 6, S. 166]

6. LICHTENBERGS SCHRIFTSTELLERISCHE TÄTIGKEIT

Das Bestreben *Georg Christoph Lichtenbergs*, die Naturwissenschaft und die Philosophie für die Erziehung des Menschen nutzbar zu machen, läßt ihn über die Grenzen seiner Tätigkeit als Naturforscher hinaustreten. Die wissenschaftlichen Erkenntnisse, die Anwendung der Vernunft sollen den Menschen nicht nur helfen, die Naturkräfte zu meistern, sondern sie sollen vor allem mit beitragen, daß die Menschen den Kampf gegen die geistige Bevormundung führen können. In dem hohen Ziel der Aufklärung, den Menschen mit Hilfe der Naturwissenschaft und durch den richtigen Gebrauch der Vernunft zu erziehen, begegnen sich der Gelehrte und der Schriftsteller *Lichtenberg.*

6.1. Lichtenberg als Herausgeber

Dieses Ringen um die Verwirklichung seines humanistischen Anliegens ist *Lichtenberg* durch die Freundschaft mit dem Verleger *Johann Christian Dieterich* um vieles erleichtert worden. *Dieterich* hat dem jungen Gelehrten durch die Herausgabe zweier Zeitschriften die Möglichkeit gegeben, seine journalistischen Fähigkeiten zu entwickeln und seine Pläne, denen er als Schriftsteller der Aufklärung jenes humanistische Ziel gegeben hat, in die Tat umzusetzen. Das gemeinsame Interesse, das beide Freunde, der Verleger und der Physikprofessor, an der Entwicklung der deutschen Literatur haben, zeigt sich am deutlichsten an den beiden Zeitschriften, die *Dieterich* verlegt hat, den „Göttinger Taschenkalender“ und „Das Göttingsche Magazin der Wissenschaften und Literatur“. In seiner Tätigkeit als Herausgeber verband *Lichtenberg* Journalismus mit Literatur. Die Literatur ist für ihn wie für *Lessing, Goethe, Schiller, Schubart* und *Forster* eine Waffe im Ringen um die deutsche nationale Kultur. Den Kampf um das fortschrittliche Neue führten sie, wenn auch in verschiedener Weise und im unterschiedlichen Maße, in der Auseinandersetzung mit den alten überlebten politischen, ökonomischen und geistigen Zuständen in Deutschland. *Georg Christoph Lichtenberg* bereitet sich darauf mit seinen täglichen Eintragungen in seine Sudelhefte vor und führt in beiden bedeutenden und weitverbreiteten Zeitschriften mit scharfer Feder und mit sprühendem Humor die

Auseinandersetzungen mit allen überlebten Erscheinungen im gesellschaftlichen Leben Deutschlands.

Dieterich hatte 1776 den „Göttinger Taschenkalender" gegründet. Er erschien in deutscher und französischer Sprache. Als Prof. *Erxleben* 1777 starb, bot *Dieterich* die Herausgabe *Lichtenberg* an, der schon im ersten Jahrgang die astronomischen Mitteilungen geschrieben hatte. *Lichtenberg* nahm diese Aufgabe an. Ihn lockte gewiß die Möglichkeit, einen großen Leserkreis anzusprechen. Doch gleichzeitig war für ihn die finanzielle Regelung nicht unbedeutend; denn *Dieterich* bot ihm unentgeltlich eine Wohnung in seinem Hause. In dieser Wohnung hatte *Lichtenberg* auch genügend Räumlichkeiten für seine experimentellen Arbeiten und für seine Vorlesungen, hatten doch zur damaligen Zeit die Professoren die Vorlesungsräume selbst zu stellen.

Wie andere Taschenkalender, so war auch der Göttinger ein Almanach „zum Nutzen und Vergnügen", der als Neujahrsbeigabe zur Befriedigung allgemeiner Leserbedürfnisse dienen sollte. Mit den besten Absichten ging *Lichtenberg* an die Arbeit, diesen Taschenkalender einer unterhaltenden, aber zielgerichteten Aufklärung dienen zu lassen.

> Die meisten dieser Artikel sind neu, und nicht bloß, wie bei manchen solcher Kalender gewöhnlich, aus ganz gemeinen Quellen abgeschrieben, sondern gewählt und überdacht,

so schreibt er in seiner Ankündigung des zweiten Jahrganges.

Lichtenberg gab diesem Taschenkalender eine inhaltliche Einteilung, die seine Absichten deutlich werden ließ und für diesen Almanach charakteristisch blieb: Er teilte die Artikel in vier unterschiedliche Gruppen ein:

In jedem Band gab es einen Leitaufsatz. Schon der erste ließ ihn sofort berühmt werden: „Über Physiognomik". Die Nachfrage war so groß, daß ein Sonderdruck erscheinen mußte. Ein Sonderdruck von einer Kalenderplauderei war ein günstiges Zeichen für das weitere Schicksal des Kalenders und Ausdruck einer wohlmeinenden öffentlichen Meinung über den Herausgeber. Der Hauptartikel des nächsten Jahrganges „Uber das Weltgebäude" läuft als Fortsetzung viele Jahre hindurch. *Lichtenberg* versucht seinen Lesern als begeisterter Naturforscher das Beste zu geben. Es kommt ihm nicht darauf an, einzelne trockene „Darstellungen der Entfernung der Planeten von der Sonne, ihrer Größen und Umlaufzeiten allein" aufzuzählen, „als vielmehr Betrachtungen über diesen oder jenen Teil des unermeßlichen Ganzen, neuere Bemerkungen, Mutmaßungen, Vergleichungen und Sinnlichmachung der mannigfaltigen Erscheinungen" darzubieten.

Die zweite Gruppe der Artikel im Taschenkalender umfaßt kürzere sachliche Berichte aus allen Wissenschaften und über gesellschaftliche Ereignisse. *Lichtenberg* schreibt auch diese Nachrichten und weiß sie bald in karger, bald in plaudernder Prosa vorzutragen. Er greift u. a. physiologische Fragen des menschlichen Lebens auf, schreibt Berichte aus dem Leben und von den Gewohnheiten anderer Völker, verfaßt kleine humoristische Artikel und Hinweise auf die neuen Moden.

Gewöhnliche bloße Nachrichten in wenigen Sätzen umfaßt die dritte Gruppe, und die vierte sind die Bilderklärungen.

Lichtenberg nimmt eine schöne Form der französischen Almanache, die auch schon seit 1770 im (Berliner) „Genealogischen Kalender" angewendet wird, in seinem Taschenkalender auf, die künstlerischen Monatskupfer. Er bot dem von ihm bewunderten Berliner Künstler, *Daniel Chodowiecki,* die Mitarbeit an, der die Bilderreihen für die Jahrgänge von 1779 bis 1783 schuf. *Lichtenberg* schlug meistens die Themen vor und schrieb die Kommentare. Aus dieser Zusammenarbeit ergab sich ein anziehender Teil des Kalenders.

Im Rahmen dieser Tätigkeit als Herausgeber und Schriftsteller verwirklicht *Lichtenberg* die von ihm aufgestellte Forderung, „daß Wahrheit, Unterricht und Besserung des Menschen" der Hauptzweck des Schriftstellers sein soll. Seine Arbeiten am „Göttinger Taschenkalender" haben diesen aus der Fülle dieser Literatur herausgehoben und haben ihm ein breites Publikum geschaffen. Die Nachfrage ist immer größer geworden, so daß verschiedene Jahrgänge zweimal aufgelegt werden mußten.

Gegenüber diesem Taschenkalender diente die zweite bei *Dieterich* verlegte, von *Lichtenberg* und *Forster* herausgegebene Zeitschrift, „Göttingisches Magazin der Wissenschaft und Literatur" (1880 bis 1885) weniger der Unterhaltung. Die Herausgeber verfolgten „die durchaus bleibende Absicht, zu belehren". *Lichtenberg* und *Forster* haben sich damit keine leichte Aufgabe gestellt. Im Unterschied zu den anderen allgemein wissenschaftlichen Zeitschriften wollen sie in ihrem Leserkreis hauptsächlich das Interesse an den Naturwissenschaften wecken und wollen dem humanistischen Erziehungs- und Bildungsziel der Aufklärung im Kampf gegen den geistigen Despotismus dienen. Der Mensch soll zu einem neuen Selbstbewußtsein erzogen werden, das ihm die Kraft, den Stolz und die Würde des Menschen der bürgerlichen Gesellschaft verleiht. Diese Zeitschrift ist weniger ein Zeitvertreib als vielmehr ein Mittel, um die Entwicklung der Wissenschaft und Literatur verfolgen zu können. Auf diese Grundkonzeption macht *Forster* seinen Freund *Jacobi* aufmerksam. In einem Brief vom 10. 10. 1779 schreibt er:

> Daß die Stimmung dieses neuen Journals etwas ernsthafter (solider meine ich) als die neuerliche des deutschen Museums seyn, und mehr die Wissenschaft als die gaukelnde Literatur unseres Jahrzehnde in sich fassen und befördern soll, wird Ihnen der Plan schon angekündigt haben.

Die Anforderungen, die die Herausgeber an die Leser stellen, zeigen sich auch darin, daß viele Artikel bestimmte naturwissenschaftliche, philosophische und literarische Grundkenntnisse voraussetzen. Neben den naturwissenschaftlichen Themen werden auch Artikel veröffentlicht, die die politischen Zustände in Deutschland behandeln und sich mit alten, die Entwicklung hemmenden gesellschaftlichen Verhältnissen auseinandersetzen. So stehen z. B. in den Artikeln über den Prozeß gegen *Waser* nicht die juristischen Fragen, sondern die Auseinandersetzungen mit der feudalen Willkürherrschaft im Mittelpunkt. Einen ähnlichen Kampf gegen die feudalen Zustände führte auch *Joh. Georg Feder.* In der Artikelfolge „Über das Verlagseigentum" greift er das überlebte Feudalrecht an, das den kostenlosen Nachdruck der Werke der deutschen Schriftsteller und Dichter gestattete. Auch *Lessing* hat das gleiche Thema bearbeitet und wollte es *Lichtenberg* senden, denn es war für die Entwicklung der deutschen Nationalliteratur und für ihren Schutz notwendig, daß mit Gesetzeskraft der kostenlose Nachdruck verboten wurde.

Einige der Autoren treten nicht nur gegen die gesellschaftlichen Verhältnisse in Deutschland auf, sondern sie wenden sich auch gleichzeitig gegen die antihumanistischen Tendenzen der Kolonialpolitik Englands, Frankreichs und Hollands, die von einigen deutschen Feudalfürsten unterstützt wurden. Das ist besonders deutlich aus den Arbeiten gegen den Sklavenhandel zu ersehen.

Während sich *Forster* in seinen Artikeln hauptsächlich den neuen naturwissenschaftlichen Problemen widmet und die Leser mit den

Ländern bekanntmacht, die er während seiner Reise um die Welt mit *J. Cook* kennengelernt hat, behandelt *Lichtenberg* neben wissenschaftlichen und philosophischen Problemen auch literarische Fragen. Dabei zeigen sich die charakteristischen Merkmale seiner schriftstellerischen Arbeit, die klar ausgeprägten Wesenszüge seines Denkens, die aus seiner Tätigkeit als Naturforscher erwachsen sind. So ist für ihn auch in der Literatur der empirische Standpunkt die Grundlage des Schaffens. Die Beobachtung, die Erfahrung seien „überall das Hauptgeschäft", und er stellt den schwärmerischen Nachahmungen der Dichtungen *Shakespeares* die Forderung nach den tatsächlichen Beobachtungen und nach den eigenen Erfahrungen des wirklichen Lebens gegenüber.

Da sitzen sie, legen die Hände zusammen ohne die Augen aufzuthun und wollen warten bis ihnen der Himmel einen *Shakespeare*-Geist gibt. Verlaßt euch nicht darauf, daß *Shakespeare* geboren worden ist. So tröstet der Teufel die Ochsen. *Shakespeare* hat keine Offenbarungen gehabt. Alles was er euch sagt, hat er gelernt oder erfahren, also um wie *Shakespeare* zu schreiben muß man lernen und erfahren, sonst wird nichts daraus... [3; E 262]

Der Grund von allen ist die Beobachtung und Kenntniß der Welt, und man muß viel selbst beobachtet haben, um die Beobachtungen anderer so gebrauchen zu können, als wenn es eigne wären, sonst ließt man sie nur und sie gehen ins Gedächtnis ohne sich mit dem Blut zu vermischen, alles lesen der Alten ist vergeblich, wenn es nicht so getrieben wird. [3; E 22]

Immer wieder fordert *Lichtenberg* vom Schriftsteller selbständiges Denken, ständiges Beobachten und Kenntnisse des Lebens, „... plainness, sincerity und precision". Auch von dem Schauspieler fordert *Lichtenberg*, angeregt von der hohen Darstellungskunst des englischen Schauspielers *Garrick*, in seinem „Orbis pictus" die lebensnahe Gestaltung der Kunstwerke, denn *Lichtenberg* gliedert in den Prozeß der Erziehung des Menschen die dramatische Kunst und den Schauspieler mit ein.
Da *Forster* in Kassel und später in Wilna lebt, fällt *Lichtenberg* die gesamte redaktionelle Arbeit zu, die immer mehr anwächst und schließlich von ihm allein nicht mehr bewältigt werden kann. 1785 wurde die Herausgabe des Magazins eingestellt.

6.2. *Lichtenberg und die deutsche Literatur*

Wie in den Naturwissenschaften, so spürte *Lichtenberg* auch in der Literatur das Neue auf und nahm an ihrer Entwicklung regen Anteil. So war er z. B. Freund und Ratgeber des „Göttinger Hainbundes", vor allem der Hainbündler *Bürger, Boie* und *Voß*. Er schreibt für den von ihnen herausgegebenen „Göttinger Musenalmanach", den ersten Musenalmanach in Deutschland, prosaische Fabeln, Epigramme und Gedichte. Über zwei Epigramme *Lichtenbergs* schreibt *Bürger* am 12. Oktober 1782 an *Dieterich*:

> Ist mir kürzlich recht wahrer Epigrammensatz vor die Nase gekommen, so sind es die beiden *Lichtenberg*ischen Einfälle. Ach, daß er doch nicht mehr dergleichen gibt! Denn sie kommen ihm wahrlich nicht saurer, als das Ausspucken an, und so oft er des Tags ausspuckt, so viel hat er auch solcher Einfälle. [28; Bd. 3, S. 29]

Lichtenberg ist jedoch gleichzeitig ein scharfer Kritiker der Hainbündler gewesen. Ihm widerstrebte das deutschtümelnde Gefühl, die deklamatorische Begeisterung dieser Gruppe. *Lichtenbergs* Kampf gegen die alten Verhältnisse und sein Eintreten für das Neue waren realer als der Kampf der Hainbündler. Er sah, daß es darauf ankäme, dem Volk eine Stimme zu geben.

Einen großen Einfluß übten die Werke *Shakespeares*, *Fieldings*, *Swifts* und anderer englischer Autoren auf *Lichtenbergs* schriftstellerische Tätigkeit aus. Die Erkenntnisse, die er aus den Werken dieser Schriftsteller und Dichter zog, der Einfluß der Schriften *Lessings* und nicht zuletzt die Klarheit seines Denkens als Naturforscher ließen ihn in der deutschen Literatur gegen den aufkommenden Gefühlsüberschwang, gegen die Empfindsamkeit Stellung nehmen. So notierte er: „Empfindsam zu schreiben, dazu ist mehr nötig als Tränen und Mondschein." [3; F 156] In seinem Kampf gegen die Empfindsamkeit verurteilt *Lichtenberg* auch *Goethes* „Werther". [3; F 390] Sein Urteil über den „Werther" ist voll beißenden Spottes:

> Wenn *Werther* seinen *Homer* (ein albernes Modepronom) wirklich verstanden hat, so kann er sicherlich der Geck nicht gewesen (sein), den *Goethe* aus ihm machte. [3; F 496]

Lichtenberg hat nicht die Bedeutung dieses Werkes des jungen *Goethe* erkannt. In seiner strengen, doch einseitigen Beurteilung steht er nicht allein, auch *Lessing* stimmt dem „Werther" nicht zu, denn weder für *Lichtenberg* noch für *Lessing* ist die Empfindsamkeit der „schönen Seele", die beim Selbstmord endet, ein Vorbild, um die Schwierigkeiten des Lebens zu meistern. In Übereinstimmung mit der Haupttendenz des geistigen Lebens seiner Zeit stellte *Lichtenberg* das rationalistische Moment in den Mittelpunkt und wendet sich entschieden gegen die Übertreibung der Gefühlsschwärmerei. Die poetische Schwärmerei führe nur zu einer oberflächlichen Betrachtung und zum Scheinwissen. Das aber wiederum schwäche den Mut zur Arbeit, und daraus könne kein erfolgreiches Schaffen entstehen. Nur ernsthafte Arbeit, Fleiß und Mut und selbständiges Denken führen zu gesicherten Kenntnissen für das Leben.

Ube, übe deine Kräfte, was dich jetzt Mühe kostet, wird endlich maschinenmäßig werden. [3; J 322]

In seiner Auseinandersetzung mit dem Unwesen der Empfindsamkeit und der Originalgenies wendet sich *Lichtenberg* auch entschieden gegen *Goethes* „Götz von Berlichingen". *Lichtenberg* sieht nicht, daß der „Götz von Berlichingen" eine Kampfansage gegen die höfisch-absolutistische Salonkultur ist, daß in ihm der Geist der Empörung gegen die ganze morsche Gesellschaftsordnung in Deutschland lebt. Erst als später ein Briefwechsel über naturwissenschaftliche Probleme beide Denker verbindet, entwickelt sich ein freundschaftliches Verhältnis zwischen *Lichtenberg* und *Goethe*.

Das große Interesse *Lichtenbergs* an der Entwicklung der deutschen Literatur zeigt sich wohl am stärksten in dem freundschaftlichen Verhältnis zwischen. dem Göttinger Physikprofessor und *Lessing*. Es ist bedauerlich, daß uns nur ein Brief *Lessings* an *Lichtenberg* überliefert ist. Jedoch ist aus ihm zu ersehen, daß beide Männer in einem engen freundschaftlichen Verhältnis zueinander gestanden und einen regen Briefwechsel und Gedankenaustausch gepflegt haben müssen. In dem Nachsatz zu diesem Brief vom 23. Januar 1780 schreibt *Lessing*:

Eben erinnere ich mich noch, daß Sie einmal die Fortsetzung meiner Freymaurer Gespräche zu lesen begierig gewesen. Hier ist sie! Aber nicht zum Drucke! Noch muß ich sie mir gelegentlich zurück erbitten. Die Ursachen werden sie leicht errathen. [22; B. 9, S. 682]

Aber auch persönliche Begegnungen haben zwischen beiden Denkern stattgefunden. Am 8. März 1777 schreibt *Lichtenberg*: „Herr *Lessing* bei mir." [3; F 403] *Lessing* kam auf seiner Rückfahrt von

Mannheim nach Wolfenbüttel durch Göttingen. *Lichtenberg* bringt *Lessing* große Bewunderung und aufrichtige Verehrung entgegen, er nennt ihn den „einzigen Prosaisten" [3; E 425] der Zeit, zählt ihn zu den wenigen Männern, die „die Fackel der Wahrheit tragen und es mit Herzhaftigkeit" [3; E 541] tun und nimmt am persönlichen Leben *Lessings* Anteil. [7; Bd. 1, S. 352] Die beiden Denker schienen sich gut verstanden zu haben. Aus dem Brief *Lessings* ist z. B. zu entnehmen, daß er *Lichtenbergs* Stellung zur Theologie gut gekannt haben mußte. Das ist um so mehr zu beachten, als *Lichtenberg* seine wahren Gedanken über solche Probleme weniger seinen Briefen als vielmehr seinen Sudelbüchern anvertraute.
Lichtenbergs Interesse an der Literatur und seine schriftstellerische Tätigkeit sind für ihn selbst nicht sein Hauptanliegen:

Auf einen Schriftsteller habe ich nie studiert, sondern bloss gelesen, was mir einfiel, und behalten, was sich meinem Gedächtniß, gleichsam ohne mein Zuthun, wenigstens ohne bestimmte Absicht, eingedrückt hat. [1; Bd. 1, S. 38]

Lichtenberg stellt seine Fähigkeiten, vor allem sein bedeutendes Sprachvermögen, in den Dienst der deutschen Literatur. Seine Arbeiten finden in dem breiten Leserkreis der beiden von ihm herausgegebenen Zeitschriften und in dem Freundeskreis, zu dem *Lessing, Forster, Sömmering, Blumenbach* gehörten, Anerkennung.
Er will auch mit seinen literarischen Arbeiten dem Leben der Menschen dienen. Dabei setzt er alle Mittel ein und greift zur Waffe der Ironie, der Satire und des Witzes. Ihm war vor allem der Satiriker *Liskow* ein Vorbild. Kein Bereich menschlichen Lebens bleibt von seiner Satire verschont.

Die erste Satire wurde gewiß aus Rache gemacht. Sie zur Besserung seines Nebenmenschen gegen die Laster und nicht gegen das Lasterhafte zu gebrauchen, ist schon ein geleckter, abgekühlter, zahm gemachter Gedanke. [3; D 138]

Keine Leute sind eingebildeter als die Beschreiber ihrer Empfindungen, zumal wenn sie dabei etwas Prosa zu kommandieren haben. [3; E 189]

Die große Regel: Wenn dein Bißchen an sich nichts Sonderbares ist, so sage es wenigstens ein bißchen sonderbar. [3; E 240]

Gehe zur Mathematik; dort hast Du nicht zu befürchten, daß durch einen Irrtum ein gefährlicher Indifferentismus dir deine Entschließungen lähme. [3; C 141 gekürzt]

Wenn ein Buch und ein Kopf zusammenstoßen und es klingt hohl, ist das allemal im Buch? [3; D 396]

Bemühe dich, nicht unter deiner Zeit zu sein. [3; D 470]

Der Mann macht sehr viel Wind. O nein! Wenn es noch Wind gewesen wäre, es war aber mehr ein wehendes Vakuum. [3; J 166]

Eine sklavische Handlung ist nicht immer die Haltung eines Sklaven. [3; L 60]

Es ist eine ganz bekannte Sache, daß die Viertelstündchen größer sind als die Viertelstunden.

Mit seiner Satire aber will *Lichtenberg* nicht Mißtrauen gegen die menschliche Natur säen, sondern vielmehr die Menschen lehren, die Ubel in der Gesellschaft, in der Kunst und im Leben zu sehen, um sie in den geistigen Sphären und in der Erziehung der Menschen zu überwinden. *Lichtenbergs* zündender Witz, sein derber Humor, die gepaart sind mit geistiger Elastizität, und der frische, manchmal recht rauhe Zug, der durch seine Schriften und Briefe geht, sind nicht immer für das Auge und die Sinne der Lesenden wohl abgewogen. Oftmals sprengt *Lichtenberg* die üblichen Formen, was *Forster* als den „nach der Junggesellenstube schmeckenden Witz *Lichtenbergs*" bezeichnet und *Goethe* „lichtenbergisieren" nennt.
Es wäre verfehlt, diese bei *Lichtenberg* so stark ausgeprägte Stilform auf seine psychische Veranlagung oder auf seinen körperlichen Zustand zurückzuführen. Satire, Witz, Humor kommen bei *Lichtenberg* aus einer doppelten Reaktion; sie richten sich gegen die Unnatur der Höfe und gegen die Ziererei der Anakreontiker sowie ihrer Nachfolger. Diese Stilmittel erscheinen *Lichtenberg* die besten gegen den geistigen Despotismus zu sein. Er war sich aber bewußt, daß es schwer ist, in dieser Form den Angriff zu führen:

Geht hin und schreibt einmal eine Satyre auf den regierenden Cammerdiener, auf den natürlichen Sohn, oder des natürlichen Sohnes Bastard oder des Bastards Banckert. Ihr werdet des Henkers werden. Ueberhaupt wenn ihr in Deutschland auf vornehme Herrn Satyren machen wollt, so rathe ich euch zwey Stücke: Entweder wählt euch welchen aus dem alten Testament, oder bewerbt euch zuvor um ein Dienstgen zwischen den Tropicis und wenn euch das nicht ansteht, so haltet's Maul. [3; E 186]

Öfter faßt *Lichtenberg* den Plan zu einem größeren Werk. Emsig trägt er in seinen Sudelbüchern die Bausteine zusammen, aber niemals fügt er sie zu einem einheitlichen Werk zusammen. *Lichtenberg* selbst gibt folgende Begründung dafür, warum er keine seiner Pläne vollendet hat. In einem Fragment, das in seinem Nachlaß gefunden wurde, schreibt er:

> ... anno 1763) in diesem Frühling für die deutsche Literatur, wo so viele Dinge keimten, die jetzo groß und starck sind, da keimten auch auf meinem Schreibpult allerley Gedanken, Pläne und Entwürfe und Projekte zu Projekten, aber ich habe sie nie aufgestellt (aus nicht aufbringen können), sie sind alle verdorrt. Wenn keine Inquisition gewesen wäre, sagte *Cervantes*, dann hättet ihr erst meinen *Don Quixote* sehen sollen. Wenn wir jemand die Proceß (aus Peinliche Gerichte) Kosten bezahlen wolte, dann, Hochzuehrender Herr, wollte ich einmal Satyre schreiben. Schleichhandel mit der Wahrheit zu treiben, dazu ist meine Stirne zu offen und zu deutsch – Aber (aus und) ist denn die Wahrheit Contrebande? ... Von drey Bogen im Manuscript von einer freymüthigen Erinnerung muß der Verfasser in kühleren Augenblicken wieder abrechnen 3 pro Cent für die ... liche Landes Regierung, wenigstens 5 für den Herrn von ..... weil er alles gilt, 10 procent für das Consistorium oder Bannstrahlsteuer, dann noch für die Dicasteria Gönner-Abgaben zusammen 8 pro Cent. Am Ende bleibt dem Verfasser ein kaltes unschmackhaftes Ding, ein Caput mortuum von einer Satyre übrig, das kein Mensch mehr auf sich deutet und deuten kann, der nur über 200 Thaler Besoldung hat, und was ist das für eine Satyre, die (nur unter) schon da aufhört, wenn alle Herren in der Welt nur eine Nacht von 200 Thalern hätten; die rechte solte noch um 800 (aus 8000) Thaler höher anfangen. Dort mögen sie liegen in meinem Pult, libri unici auf meine Lebenszeit und dann mögen sie in ihrer natürlichen Gestalt erscheinen, wenn ihr Verfasser da ist, wo Brod und etwas dazu (aus darüber) nicht mehr gespeiset wird und wo *Bayle* vor dem *Jurieu* ehemals so sicher stund, daß dieser allen Muth verlohren haben soll, jemals etwas wider jenen zu unternehmen. Daß ich hier einen kräncklichen Credit eines Freundes einen Almosen zuwerfe, mit einigen Lehren für den ..... [3; Bd. 1, S. 217/18]

Hierin kommt zum Ausdruck, daß die gesellschaftlichen Zustände in Deutschland es ihm nicht ermöglichten, offen seine Aussagen zu machen. *Lichtenberg* schreibt die Wahrheit in seinen Sudelbüchern nieder.

6.3. Lichtenberg – Hogarth – Chodowiecki

Mit der Entwicklung der gesellschaftlichen Ereignisse in Europa wandelt sich *Lichtenbergs* antiabsolutistische Haltung immer stärker zu einer antifeudalen. Am stärksten zeigt sich diese Haltung *Lichtenbergs* in seinen Erklärungen der Stiche *William Hogarths* und

Daniel Chodowieckis, die er im „Göttinger Taschenkalender" veröffentlicht. *Lichtenbergs* Betrachtungsweise und seiner Haltung zu den gesellschaftlichen Verhältnissen kommen die Menschendeutung beider Künstler des jungen Bürgertums, ihre rücksichtslose desillusionierende Lebensbetrachtung sehr entgegen.

Wie *Hogarth* und *Chodowiecki* in ihren Kupferstichen, so geißelt *Lichtenberg* mit beißender Schärfe in seinen Erklärungen die Mißstände seiner Zeit und greift die Schwächen und Laster der untergehenden Klasse an.

Das Interesse des Göttinger Physikprofessors an den eindrucksvollen Werken *Hogarths* reicht bis zu seinem Englandaufenthalt zurück. In einem Brief vom 17. Oktober 1775 schreibt er zum ersten Mal im Zusammenhang mit einigen physiognomischen Fragen den Namen dieses bedeutenden englischen Künstlers des 18. Jahrhunderts. Seit jener Zeit beschäftigen die Werke des englischen Künstlers ständig *Georg Christoph Lichtenberg.* Er vermittelt die *Hogarth*ischen Kupfer für die Göttinger Universitätsbibliothek und beginnt, vieles zur Erklärung der Kupferstiche aufzuschreiben. Diesem Interesse *Lichtenbergs* kommt die Aufgabe entgegen, alljährlich einen interessanten und mit Bildern ausgestatteten „Göttinger Taschenkalender" herauszugeben. Was lag nun näher, als diese Kupferstiche *Hogarths* zu veröffentlichen? Von seinen einzelnen Notizen ausgehend, schreibt *Lichtenberg* die Erklärungen zu diesen Bildseiten. So entstanden durch die Jahre hindurch organisch wachsend zu den Werken *Hogarths* die Erklärungen, die im Göttinger Taschenkalender erschienen sind.

Diese Erklärungen finden einen so großen Anklang, daß *Lichtenberg* sich in den 90er Jahren entschließt, eine „heftweise erscheinende Ausgabe der *Hogarth*ischen Kupferstiche" herauszugeben.

Wenn er auch betont, daß er diese Arbeit doch eigentlich nur wegen des Geldes übernommen habe und ihm die Fortsetzung wegen der zunehmenden Krankheit schwer fällt, so hat er sich damit selbst ein Werk geschaffen, das wie kaum ein anderes von seinem großen Erzählertalent, von seiner Schärfe der Beobachtung, von seiner treffenden Deutung, von seiner großen Liebe zur Karikatur und von seinem Humor spricht.

Welch eine Bedeutung er selbst in dieser Arbeit sieht, ist wohl am besten daraus zu erkennen, daß er die erste Lieferung der Erklärungen *Goethe* als Gegengabe für den „Wilhelm Meister" zukommen

läßt. Auch dem Königsberger Philosophen *Immanuel Kant* sendet *Lichtenberg* als Gegengabe für dessen Schriften die *Hogarth*-Erklärungen. In einem Antwortbrief bedankt sich *Kant* für die „belehrenden sowohl als ergötzenden Schriften", und er wünscht *Lichtenberg*, daß er trotz Nervenbeschwerden noch lange eine „der gelehrten sowohl als geschmackvollen Welt erwünschte Lebensdauer" haben mag.
Die Erklärungen *Lichtenbergs* zu den Kupferstichen *Hogarths* und *Chodowieckis* sind eine klare Parteinahme für die bürgerliche Klasse. Mit wenigen, aber für *Lichtenberg* charakteristischen und markanten Vergleichen zeigt er, daß die Herrschaft des Adels zu Ende ist. Am stärksten kommen diese Gedanken in seinen Erklärungen des *Hogarth*ischen Kupferstiches „Die Heirat nach der Mode" zum Ausdruck. Vertreter der beiden Klassen, des Feudaladels und des Bürgertums, werden hier gegenübergestellt, und es soll gezeigt werden, daß die Bemühungen um eine Vereinigung der gegenseitigen Interessen der beiden Klassen durch eine Heirat letzten Endes scheitern müssen.
Den gleichen Gedanken des historisch notwendigen Unterganges der Adelsherrschaft bringt *Lichtenberg* auch in anderen Erklärungen zum Ausdruck. In dem Kommentar zu den Kupferstichen „Herumstreichende Comödiantinnen" schreibt er, daß der Reichsapfel und das Zepter gut genug seien, damit die „Favoritenkätzchen" mit ihnen spielen. – Die Kraft der Regierungszeichen sei verloren gegangen.
Aus seiner antiabsolutistischen Haltung heraus nimmt *Lichtenberg* auch den Kampf gegen die Einflüsse der Höfe und des Adels auf, die das Bürgertum in ökonomischer und geistiger Abhängigkeit hält. Diese Einflüsse zeigen sich für ihn hauptsächlich in dem ausschweifenden luxuriösen Leben, das an den Höfen herrscht und von ihnen ausgehend auch auf Teile der bürgerlichen Klasse überzugehen drohe.
In den Erklärungen der Stiche *Chodowieckis* „Natürliche und affektierte Handlungen des Lebens" stellt er die wirklichen Ideale und die dem Bürgertum entsprechende Lebensweise dem ausschweifenden Leben und dem Luxus des Adels gegenüber. Die Übertreibungen in der von der Feudalklasse bestimmten Mode, die überdimensionale Weite der Reifröcke, die Höhe der Haartracht, die überladene Kleidung u. a. sind sowohl für *Chodowiecki* als auch für *Lich-*

tenberg nur die äußerliche Form der affektierten Lebensweise und der Handlungen dieser Klasse. So setzt *Lichtenberg* in seinen Erklärungen an die Stelle von „unaussprechlichen Hof-Süßigkeiten und zum bloßen Nichts abgeschliffenen Complaisance“ die natürlichen Handlungen. Dem an den Höfen und in der Feudalklasse herrschenden Egoismus, in dem „sich jeder nur selbst sieht, selbst hört, und nur mit sich selbst spricht“, stellt er die Bescheidenheit, Aufrichtigkeit und der Amoralität des höfischen Lebens die Schönheit der echt empfundenen Freude gegenüber.

Während *Lichtenberg* die Lebensweise des Adels in einem gedrechselten Stil und voller Ironie beschreibt, hebt er die einzelnen Handlungen im Leben des Bürgertums mit wenigen Worten hervor, die aber in sich ein für den Leser stark positives Werturteil tragen.

Aber auch seine Artikel über die Mode seines Jahrhunderts und die Abbildungen bestimmter modischer Kleidungen und Haartrachten in den Jahrgängen des „Göttinger Taschenkalenders“ sollten nicht nur eine Unterhaltung für die Leser sein, sondern auch Auseinandersetzung mit dem herrschenden Luxus und den Ausschweifungen des Adels. *Lichtenberg* stellt sich nicht auf die Seite jener, die nur über die Zustände klagten: „O Zeiten o Sitten!“ Als ein Denker, der sich bemühte, immer von der Wirklichkeit des Lebens auszugehen und die sich entwickelnden Forderungen des Bürgertums zu verteidigen, rechtfertigte er die Mode seiner Zeit. Jedoch versuchte er, diesen Hang nach Putz mit der Erziehung zum bürgerlichen Schönheitsideal in Verbindung zu bringen, da sich die Mode „nach dem Begriff der Schönheit richten muß“. Dieser Begriff wird von *Lichtenberg* nicht im Sinne einer spartanischen Einfachheit benutzt. Er gebraucht ihn in Anlehnung an *Lessings* „Laokoon“ als der Verbindung und dem Zusammentreffen der körperlichen Schönheit mit moralischen Werten. [3; A 18, B 20, F 393] Alle Lebenswerte, die nur von dem äußerlichen Anschein ausgehen, lehnt er ab; denn der Prunk an den Höfen der Könige und Fürsten ist ihm nur ein Ausdruck der Macht, hinter dem sich der moralische Verfall verbirgt. Dem erblichen Adelstitel, der den Angehörigen jener Klasse wohl den Vorrang innerhalb der alten Gesellschaft gibt, hinter dem sich aber für *Lichtenberg* wie auch für *Goethe* die Dummheit des Adels verbirgt, stellt *Lichtenberg* das durch die Arbeit und durch tätigen Erfolg erworbene Verdienst der bürgerlichen Klasse gegenüber. Dieses Verdienst allein macht die Würde und die Ehre der Menschen aus. So läßt *Lichtenberg* in einem Sinngedicht den Demokraten sagen: „Weg mit Adel! Verdienst allein soll nur der Weg zur Ehre sein.“ [3; J 923] Und in seinem Sudelheft J notiert er:

Und ich behaupte, ein Kleid gut zuschneidern, ist zuverlässig schwerer, als Hofkavalier zu sein – ich meine, den Hofkavalier in abstracto. Eine solche Rangordnung, die aber gewiß dem Verfasser und dem Verleger den Kopf kosten würde, wünschte ich gedruckt zu sehen. Sie existiert gewiß in dem Kopfe jedes rechtschaffenen Mannes ... [3; J 923]

In seinen Erklärungen zu den Kupferstichen *Chodowieckis* „Der Fortgang der Tugend und des Lasters“ hebt *Lichtenberg* hervor, daß „die Einfachheit im Tun“ die Arbeitsamkeit, Aufrichtigkeit und Ordnungsliebe die bedeutenden Tugenden der jungen aufwachsenden Generation seien, zu denen sich hauptsächlich der Fleiß gesellen müsse. „Das Erheben in den Bürgerstand“ durch diese Eigenschaften bedeutet *Lichtenberg* mehr als der Adelstitel. Indem *Lichtenberg* diese Eigenschaften und Tugenden verteidigt, erhebt er Forderungen des sich entwickelnden Bürgertums in Deutschland und stellt sich gegen die noch herrschende Vormachtstellung der Lebensweise und der Moral des Feudaladels. In seinem Ringen um die nationale Literatur fordert *Lichtenberg* immer wieder, daß der Schriftsteller für das Volk schreiben soll und vom Volk lernen müsse.

7. LICHTENBERG UND DIE FRANZÖSISCHE REVOLUTION

In seinen Aufsätzen und Artikeln, in denen er sich mit den gesellschaftlichen Zuständen auseinandersetzt, ist immer sein Wissen um die im Volke ruhende Kraft zu finden. Er achtet das Volk, die arbeitenden Menschen, den Bauern und tritt für seinen Kampf um seine Rechte ein, obgleich bei ihm niemals wie bei seinem Freund *Forster* die Bereitschaft zu finden ist, die Lage der Bauern und des Volkes praktisch zu verändern. Dennoch tritt seine progressive Stellung zum Volk deutlich in seiner Haltung zur Französischen Revolution hervor.

Seine Artikel im „Göttinger Taschenkalender" zeigen sein lebhaftes Interesse. Voller Sympathie verfolgt er die Ereignisse in Frankreich und begrüßt den Sturz der alten Gesellschaftsordnung. Hatte er doch erkannt und auf seinen Reisen durch Norddeutschland und nach England selbst erfahren, daß die Willkürherrschaft der deutschen Fürsten die allgemeine Entwicklung seines Vaterlandes hemmt. Ihm ist klar geworden, daß die feudalen Zustände beseitigt werden müssen, sollen sich die ökonomischen und politischen Verhältnisse verbessern und die nationale Kultur entwickeln.

Das Alte hat für *Lichtenberg* seine Lebensberechtigung verloren. „Da gnade Gott denen von Gottes Gnaden!" Die Herrschaft des Adels sieht er mit dem Sturm auf die Bastille als beendet an.

Dabei beschränkt sich sein Interesse an der Französischen Revolution nicht in einer oberflächlichen Begeisterung. Er ist bemüht, die Zusammenhänge und die Ursachen, die zu diesem bedeutenden gesellschaftlichen Ereignis geführt haben, zu erkennen. *Lichtenberg* sieht, daß dieser Zusammenbruch von der französischen Philosophie vorbereitet worden ist. Er erkennt das revolutionäre Element, das in der französischen bürgerlichen Philosophie liegt, und notiert im Sommer 1790:

Rousseau, Voltaire, Mercier und *Raynal* haben die französische Revolution vorausgesagt. [3; J 349]

Die französische Revolution ist das Werk der Philosophie, aber was für ein Sprung von dem cogito, ergo sum[1] bis zum ersten Erschallen des

[1] Ich denke, also bin ich. Grundsatz des französischen Philosophen *René Descartes* (1596–1650). Er war Begründer des Rationalismus.

à la Bastille[1]) im Palais Royal. Der Schall der letzten Posaune für die Bastille. [3; J 363]

Das Volk ist für *Lichtenberg* mit dem Ausbruch der Französischen Revolution zur entscheidenden Macht geworden. Ohne Bedenken stellt sich *Georg Christoph Lichtenberg* auf die Seite des Volkes. Er verteidigt das Neue, das vom Volke geschaffen worden ist. Ja, seine Verteidigung geht bis zur offenen Parteinahme.

In seinen Bemerkungen zu den Szenen aus *J. M. Chéniers* Bartholomäus-Nacht umreißt *Lichtenberg* die große Bedeutung der Französischen Revolution und wendet sich dagegen, verächtlich von dem Volke zu sprechen.

O man sey doch gelinde (ich rede hier nicht mehr von *Chenier*) in Beurtheilung aller Werkzeuge solcher Unternehmungen, und schätze ihren Werth nicht nach der Wage, auf der man den Freund, den Vormund und den Handelsgenossen wiegt. Zur Entwicklung des großen Spiels einer Nation sind öfters Rollen nöthig, die sich freylich ein ehrlicher Mann scheuen würde zu übernehmen, und wo nicht die Gründung des Gesetzes, doch dessen Vorbereitung bedarf oft Menschen, die man fünfzig Jahre nachher Kraft dieses Gesetzes aufgeknüpft hätte. Es war auch immer so, die Geschichte gibt uns nur die Gebräuche, die schmutzigen Gerüste dazu hat sie weggeworfen. [Göttinger Taschenkalender 1791, S. 212]

Eindeutig wendet sich *Lichtenberg* daher gegen die Sprecher, die dem Volk verwehren wollen, die Staatsverfassung zu verändern.

Darf ein Volk seine Staats Verfassung ändern wenn es will? Ueber diese Frage ist sehr viel gutes und schlechtes gesagt worden. Ich glaube die beste Antwort darauf ist: Wer will es ihm wehren, wenn es entschlossen ist? [3; J 949]

Mit großem Interesse verfolgt *Lichtenberg* die Entwicklung der Französischen Revolution. Dabei ist bemerkenswert, daß *Lichtenberg* mit der weiteren Entwicklung dieses Kampfes seit dem Jahre 1792 sich nicht, wie die meisten deutschen Denker, von den Geschehnissen abwendet. Stets bekennt er sich zu der revolutionären Entwicklung der Ereignisse in Frankreich, auch zu der Jakobinerdiktatur. In einem Brief an den Bibliothekar *Reuß* gibt er z. B. eine eingehende Darstellung der Guillotine und stellt sogar ihren Vorzug gegenüber an-

[1]) Dieser Ruf ertönte aus den revolutionären Volksmassen, die sich im Juli 1789 vor dem Palais Royal versammelt hatten. Er wurde zum Fanal des Ausbruches der Französischen Revolution.

deren „Köpfmaschinen“ heraus. Auch mit *Sömmering* unterhält er sich in einem Brief darüber. [7; Bd. 3, S. 158]

Anlaß dazu war wohl der von *Lichtenberg* im Göttinger Taschenkalender 1795 veröffentlichte Artikel „Ein Wort über das Alter der Guillotine“. Darin greift *Lichtenberg* die wesentlichen Gedanken auf, die er in dem Brief an *Reuß* geäußert hat. Er stellt die Guillotine nicht als ein Marterinstrument hin, sondern betont ihre Vorteile. Er hält es für die „Pflicht, selbst für die praktische Mechanik, jene schwere Passage nach allen Kräften zu erleichtern“. Am Schluß dieses Artikels fügt *Lichtenberg* „gewisser Leser wegen, ein Paar Anmerkungen bey, aus welchen die übrigen machen können, was sie unmaßgeblich machen“. Er bemerkt, daß unter den Ärzten, „denen der unglückliche König im Jahre 1782 die Untersuchung des *Mesmers* Magnetismus übertrug“, auch ein Dr. *Guillotin* war. „War dieses wohl der Erfinder der Maschine? Das wäre die erste Bemerkung. Die zweite ist kürzer. Des unglücklichen und guten Königs Amme hieß *Goillot*.“

Lichtenberg wendet sich von den Taten der Französischen Revolution nicht ab. Im Gegenteil. Er stimmt den Leuten nicht zu, die die Jakobiner als Bösewichte bezeichnen:

Unter die Mißverständnisse oder die falschen Darstellungen bei der französischen Revolution gehört auch die, daß man glaubt, die Nation werde von einigen Bösewichten geleitet. Sollten nicht vielmehr diese „Bösewichter“ sich die Stimmung der Nation zunutze machen? [3; J 1178]

Obgleich *Lichtenberg* der Notwendigkeit der Revolutionen zustimmt, zweifelt er jedoch, ob der Mensch berechtigt ist, mit seinem Tun und Handeln die Revolution voranzutreiben.

Der Mensch ist nur da, die Oberfläche der Erde zu bauen; den Bau und die Reparaturen, die mehr in die Tiefe gehen, behält sich die Natur selbst vor. [3; K 16]

Die Revolution vergleicht er mit Erdbeben, Uberschwemmungen, Orkanen, „die gewiß eben so nützlich und nöthig“ sind, die aber vom Menschen nicht allein gemacht werden können. *Lichtenberg* ahnt die Gesetzmäßigkeit in der Entwicklung der Geschichte. Jedoch sieht er keinen Weg. Ihm bleibt, im Unterschied zu seinem Freund *Georg Forster*, verborgen, wie die Entwicklung sich konkret gestalten soll. So verliert er sich letztlich in seiner Haltung zur Französischen Revolution in eine Widersprüchlichkeit, die er niemals überwindet.

Diese Widersprüchlichkeit zeigt sich darin, daß er einerseits den revolutionären Ereignissen auch nach dem Jahre 1792 zustimmt, andererseits aber die revolutionäre Praxis nicht immer versteht und sich manchmal von ihrer Unerbittlichkeit abwendet.

Leidenschaftlich wendet er sich z. B. am 26. 2. 1795 in einem Brief an *Ebell* gegen einen Artikel in dem Journal de Paris. In diesem Artikel wurde die Vermutung aufgestellt, wenn eine Revolution in Deutschland ausbräche, so würde das im Hannoverschen sein. Am meisten ist *Lichtenberg* über den Gedanken empört, an der Universität Göttingen sei das Prinzip der Freiheit gefordert worden. Er bemerkt dazu: „Ist das nicht abscheulich?“ Entschieden lehnt er die Möglichkeit ab, daß einer der Professoren „Revolutions-Prinzipien hegte“.

Die Quelle dieses historisch bedingten Widerspruches ist vor allem in der politischen Situation in Göttingen und Hannover zu suchen. Einerseits ist durch die Bestrebungen der Regierung in Hannover und durch die Personalunion mit England, dem Land der Konstitutionellen Monarchie, die Möglichkeit für die Entwicklung der Ideen der Aufklärung und der bürgerlichen Weltanschauung gegeben. Dadurch haben die Wissenschaften in Göttingen einen großen Aufschwung erhalten, und der Wirkungskreis der Göttinger Professoren hat sich sehr stark erweitert. So kann es nicht verwunderlich sein, daß keiner der bedeutenden Professoren der Göttinger Universität sich vollständig zur revolutionären Praxis der Jakobinerdiktatur bekannte. Andererseits sieht *Lichtenberg* als Naturforscher, der seine Arbeitsmethode, alles zu beobachten und von den Erfahrungen auszugehen, auch auf seine persönliche Haltung gegenüber den gesellschaftlichen Ereignissen anwendet, die hemmende Wirkung, die die feudalen Verhältnisse auf die Entwicklung des gesellschaftlichen Lebens ausüben. Aber es fehlt die Kraft einer revolutionären Klasse, die von den bürgerlichen Ideologen Taten fordert und sie gleichzeitig auch in ihrem öffentlichen Auftreten stärkt und stützt.

Nur in Mainz war das junge Bürgertum so stark, daß es die Gedanken der Französischen Revolution selbst in Taten verwandelte. Unter der Führung von *Georg Forster* und des Geschichtsprofessors *Andreas Hofmann* tritt die bürgerliche Oppositionsbewegung für die bürgerliche Umwälzung in den von den französischen Revolutions-

truppen besetzten Gebieten ein. In Mainz wird die erste bürgerliche demokratische Republik auf deutschem Boden (Mainzer Republik) gegründet.
Trotz dieses Widerspruches zu dem großen Geschehen seiner Zeit geht *Lichtenberg* in all seinen schriftstellerischen Arbeiten nie von dem Ziel der Aufklärung ab. Alles, was er in seinen Aufsätzen niederschrieb, hatte nur ein Ziel:

The whole man must move together[1] – alles muß einen einzigen Endzweck im Menschen haben. [3; B 31]

Für ihn war das „das Fortschreiten der Menschheit". [2; Bd. 1, S. 108]

---

[1] Der ganze Mensch muß sich ständig entwickeln.

8. AUSKLANG

Georg Christoph Lichtenbergs letzte Lebensjahre sind durch eine immer stärker werdende Krankheit gekennzeichnet. Ein Nervenfieber nimmt ihm seine „Munterkeit“ und „Sorglosigkeit“. Der damit eintretende Kräfteverfall ist nicht mehr aufzuhalten. Die Krankheit wird ihm zu einem quälenden Leiden, und oftmals äußert er in seinen Briefen Todesgedanken. Trotz der Krankheit ist seine Schaffenskraft nicht gebrochen. In einem Brief an *Forster* schreibt er:

O! Freund! Freund! was ich ausgestanden habe dieses dreiviertel Jahr! Aber Gottlob, ich fühle jetzt eine Kraft und einen Muth, den ich seit vielen Jahren nicht verspürt habe ...

Das rastlose Schaffen *Lichtenbergs* in den letzten Jahren seines Lebens konzentriert sich nicht allein auf die literarische Tätigkeit, auf die Herausgabe der *Hogarth*-Stiche und des Göttinger Taschenkalenders. Unermüdlich widmet er sich seinem wissenschaftlichen Aufgabenbereich. Die Vorlesungen, die er auch in diesen Jahren ständig durch den Vortrag der neuen naturwissenschaftlichen Erkenntnisse erweitert und umarbeitet – so z. B. durch Aufnahme der neuesten Erkenntnisse der Chemie, der neuen astronomischen Beobachtungen durch *Herschel,* der Arbeiten *Voltas* und *Chladnis* – beanspruchen seine ganze Kraft.

Außer der Arbeit über *Kopernikus* und den zusätzlichen Bemerkungen für die 6. Auflage des Kompendiums hat *Lichtenberg* in diesen Jahren keine wissenschaftlichen Arbeiten im größeren Umfange folgen lassen.

Wiederum beschäftigen ihn in den letzten Jahren seines Lebens die Probleme der Elektrizität sehr stark. Er schreibt zwei Verteidigungsschriften für seinen Freund *de Luc* über dessen Theorie vom Regen, die beide erst nach seinem Tode erschienen sind. Darin setzt sich *Lichtenberg* sowohl mit der Phlogistonlehre als auch mit den Ansichten der Antiphlogistiker auseinander.

Er spricht in diesen Arbeiten die Vermutung aus, die Trennung des Wassers in Wasserstoff und Sauerstoff sei eine Trennung der Elektrizitäten. „*Lichtenbergs* Vermutung ... schlug selbst wie ein Elektrischer Funke in der Entwicklung der Naturphilosophie ein“, berichtet *Henrik Steffens* in seinen Lebenserinnerungen. *Lichtenbergs* Ruf als Naturforscher dringt weit über die Grenzen Deutschlands hinaus.

Die Krankheit nimmt in diesen Jahren zu. Immer seltener geht er aus dem Haus. Nur an schönen Wochenenden läßt er sich mit dem Wagen in sein Gartenhaus fahren und kehrt erst Anfang der Woche wieder in die Stadt zurück.
Zurückgezogenheit, Scheu und Mißtrauen bestimmen in diesen Jahren den Umgang mit seinen Mitmenschen. Schon im Jahre 1788 bemerkt *Forster*:

Lichtenberg sehe ich nur selten, weil man diesem Sonderling, der sich allen Menschen immer mehr entzieht, selten recht gelegen kommt, und ich schon bei seiner verlegenen Miene ängstlich wurde.

Diese Kälte und Zurückgezogenheit nehmen in den kommenden Jahren zu. Nur in den Briefen an die Freunde, an seinen Neffen und an seinen Bruder, von denen er weiß, sie verstehen ihn, zeigt er wie in früheren Jahren seine Aufgeschlossenheit.
Das Wissen um seinen Zustand engt seine Schaffenskraft stark ein. Dennoch führt ihn das nicht zum Pessimismus. Niemals verliert er sein optimistisches reales Denken, das uns in all seinen Schriften, Briefen und Aufzeichnungen begegnet und uns immer wieder von neuem gefangen nimmt. *Lichtenbergs* Leben ist von seinem großen umfangreichen Schaffen und Wirken ausgefüllt.
Am 24. Februar 1799 stirbt *Georg Christoph Lichtenberg* an einer Lungenentzündung.

CHRONOLOGIE

1742	*Lichtenberg* wird am 1. Juli in Oberramstadt geboren.
1745	Übersiedlung der Familie nach Darmstadt.
1752–1761	Besuch des Pädagogikums (Gymnasiums) zu Darmstadt.
1763–1767	Studium der Mathematik und Physik an der Universität zu Göttingen.
Ende 1764	*Lichtenberg* beginnt seine Einfälle und Gedanken täglich in dafür vorgesehene Hefte einzutragen (Sudelhefte, Merkbücher – 1902 von *A. Leitzmann* als „Aphorismenbücher" herausgegeben).
1766	Erste Abhandlung „Von dem Nutzen, den die Mathematik einen Bel Esprit bringen kann".
1766–1770	Himmelsbeobachtungen gemeinsam mit *J. C. Polykarp Erxleben* und *J. Matthias Ljundberg* auf der Göttinger Sternwarte.
Aug. 1767	Ernennung zum zweiten Professor der Mathematik an der Universität Gießen mit der Erlaubnis, für weitere zwei Jahre in Göttingen weilen zu können.
1767–1770	„Studenten-Hofmeister" englischer Adelssöhne, die in Göttingen studieren.
Ab 1769	Nachweis des freundschaftlichen Verkehrs mit dem Buchhändler und Verleger *Joh. Chr. Dietrich* und dessen Familie.
1770	März bis Mai erste Reise nach England.
	31. Mai Ernennung zum außerordentlichen Professor der Philosophie an der Universität Göttingen.
1770/71	Wintersemester, erste Vorlesungen zu mathematischen Problemen, über ausgewählte Kapitel zu astronomischen Berechnungen, über Himmelsbeobachtungen.
1772/73	Bestimmungen der geographischen Lage der Städte Hannover, Osnabrück und Stade durch astronomische Beobachtungen.
1774	Arbeit an der Herausgabe des Nachlasses von *Tobias Mayer*.
1774/75	Zweiter Aufenthalt in England.
1775	Ernennung zum ordentlichen Professor an der Universität Göttingen.
1776	Ordentliches Mitglied der Göttinger Sozietät der Wissenschaften, Vorlage einer zusammenfassenden Abhandlung über die von ihm durchgeführten Ortsbestimmungen.
1777	Entdeckung der elektrischen Figuren, der „Lichtenbergschen Figuren"; Beginn der wissenschaftlichen Arbeit auf dem Gebiet der Experimentalphysik; „Über eine neue Methode die Natur und die Bewegung der elektrischen Materie zu erforschen".
	Lichtenberg lernt *Maria Dorothea Stechard* kennen.
Seit 1778	Vorlesungen über ausgewählte Kapitel der Physik.
1780	*Lichtenberg* wird als Nachfolger *J. C. P. Erxlebens* der Lehrstuhl für Physik übertragen.

1780–1785	Herausgabe des „Göttingschen Magazins der Wissenschaften und Literatur“ gemeinsam mit *Georg Forster.*
1782	Tod der *Maria Dorothea Stechard.*
1779–1799	Herausgeber und Verfasser fast aller Artikel und Mitteilungen des „Göttinger Taschenkalenders“.
1784	*Lichtenberg* lernt *Margarete Kellner* kennen und nimmt sie als Haushälterin zu sich.
	L. gibt die 3. Aufl. von Erxlebens Anfangsgründe der Naturlehre mit Zusätzen und überarbeitet heraus.
1786	Geburt des ersten Sohnes *Georg Christoph Eckhardt.*
1787	Schweres Nervenfieber.
	4. Aufl. von Erxlebens Anfangsgründe der Naturlehre.
1789	Geburt der Tochter *Luise Wilhelmine.*
	5. Okt. kirchliche Trauung mit *Margarete Kellner*, die ihm im Abstand von je zwei Jahren noch vier Kinder gebar.
	Lichtenberg hatte seit 1797 für Frau und sechs Kinder zu sorgen.
1791	5. Aufl. von Erxlebens Anfangsgründe der Naturlehre.
1794	„Ausführliche Erklärung der Hogarthischen Kupferstiche“ 1. Lieferung; 1795 2. Lieferung; 1796 3. Lieferung; 1798 4. Lieferung; 1799 5. Lieferung.
1794	6. Aufl. von Erxlebens Anfangsgründe der Naturlehre.
1799	*Georg Christoph Lichtenberg* stirbt am 24. Februar an einer Lungenentzündung.

LITERATUR

[1] Georg Christoph Lichtenberg's vermischte Schriften. Hrsg. v. *L. Christian Lichtenberg* und *Friedrich Kries.* Göttingen 1800–1802 (1. Ausgabe).

[2] Georg Christoph Lichtenberg's vermischte Schriften. Neue vermehrte von dessen Söhnen veranstaltete Original-Ausgabe (2. Ausgabe). Göttingen 1844.

[3] Georg Christoph Lichtenberg's Aphorismen, nach den Handschriften. Hrsg. v. *A. Leitzmann.* Berlin 1902.
Chronologie der Sudelbücher *Lichtenbergs*:
A: Aus den ältesten fünf Heften 1764–1770.
B: Jocoseria 1768–1771. Anhang.
C: The whole man must move together. 1772–1773.
D: 1773–1775.
E: 1775–1776.
F: Sudelbuch 1776–1779. Anhang: RA (Reiseanmerkung). (Die Hefte G und H sind verloren gegangen.)
J: 1789–1793.
K: 1793.
L: 1796–1799.

[4] *Lichtenberg, G. Chr.:* Über eine neue Methode, die Natur und die Bewegung der elektrischen Materie zu erforschen. Hrsg. v. *H. Pupke,* eingeleitet von *R. Zaunick.* Leipzig 1956. In: Ostwald's Klassiker der exakten Wissenschaften Nr. 246.

[5] *Lichtenberg, G. Chr.* (Herausg.): Erxlebens Anfangsgründe der Naturlehre. 3. Aufl. Göttingen 1784. 4. Aufl. Göttingen 1787. 5. Aufl. Göttingen 1791. 6. Aufl. Göttingen 1794.

[6] Lichtenbergs handschriftlicher Nachlaß. Niedersächsische Staats- und Universitätsbibliothek Göttingen.
Kasten VII. A 12. Einleitung, Begriff der Physik. Einleitung vom 23. 4. 1788. Winter 1797. E 7. Raum und Zeit ... Brief an Herrn W.
Kasten IX. D. Theorie der Erde.

[7] Lichtenberg's Briefe. Hrsg. v. *A. Leitzmann* und *C. Schüddekopf.* Leipzig 1901, Bd. 1–3.

[8] G. Chr. Lichtenbergs ausführliche Erklärung der Hogarthischen Kupferstiche. 1.–12. Lieferung. Göttingen 1794 bis 1816.

[9] Der Fortgang der Tugend und des Lasters – Daniel Chodowieckis Monatskupfer zum Göttinger Taschenkalender mit Erklärungen Georg Christoph Lichtenbergs 1778–1783. 2. Aufl. Berlin 1975.

[10] Lichtenbergs Briefe aus England an Heinrich Chr. Boie. Deutsches Museum 1776. 6. Stück.

[11] Lichtenbergs Briefe an J. Fr. Blumenbach. Hrsg. v. *A. Leitzmann.* Leipzig 1921.

[12] Lichtenbergs Briefe an Dieterich. Hrsg. v. *G. Grisebach.* Leipzig 1898.

[13] *Lichtenberg, G. Chr.:* Aphorismen und Briefe. Hrsg. und eingeleitet v. *W. Ilberg.* Berlin 1953.

[14] *Lichtenberg, G. Chr.:* Ausgewählte Schriften. Hrsg. v. *Barbara Neubauer.* Leipzig 1958.
[15] *Lichtenberg, G. Chr.:* Der Handel mit heiligen Zehen. Hrsg. v. *Gerhard Schneider.* Berlin 1960.
[16] *Hahn, P.:* Georg Christoph Lichtenberg und die exakten Wissenschaften. Göttingen 1927.
(Vorarbeiten zur Geschichte der Göttinger Universität und Bibliothek. Hrsg. vom Universitäts-Bund Göttingen, 4. Heft.)
[17] Johann G. Forsters Briefwechsel. Nebst einigen Nachrichten von seinem Leben. Hrsg. v. *Th(erese) H(uber)* geb. *H(eyne).* 2 Bde. Leipzig 1829.
[18] *Goethe:* Über Kunst und Literatur. Hrsg. v. *W. Girnus.* Berlin 1953.
[19] *Goethe:* Maximen und Reflexionen. Leipzig 1953.
[20] Herders Briefwechsel mit Caroline Flachsland. Hrsg. v. *H. Schauer.* Weimar 1928.
[21] *Joachim, J.:* Die Anfänge der Königlichen Sozietät der Wissenschaften zu Göttingen. Abhandlungen der Gesellschaft der Wissenschaften zu Göttingen. Philologisch-historische Klasse. Dritte Folge Nr. 19. Berlin 1936.
[22] *Lessing, G. E.:* Gesammelte Werke in 10 Bänden. Hrsg. v. *P. Rilla.* Berlin 1958.
[23] *Leitzmann, A.:* Neues von Lichtenberg (Briefe an Schernhagen). Zeitschr. f. Bücherfreunde. NF. 4 (1912).
[24] *Leitzmann, A.:* Aus Lichtenbergs Tagebüchern. Zeitschr. f. dtsch. Philologie 67. Jahrg. (1942).
[25] *Zaunick, H.:* Briefe Alexander von Humboldts aus seiner Frühzeit an G. Chr. Lichtenberg. Sudhoff-Archiv f. Geschichte d. Medizin u. d. Naturwissenschaft. Bd. 32 (1940).
[26] *Deneke, O.:* Lichtenbergs Leben. Erstes Buch bis 1775. München 1944.
[27] *Schöffler, H.:* Lichtenberg. Göttingen 1956.
[28] *Bürger, G. A.:* Briefe, Bd. 3.
[29] *Leitzmann, A.:* Aus Lichtenbergs Nachlaß. Weimar 1899.
[30] Lichtenbergs Werke in einem Band. Ausgew. und eingeleitet v. *H. Friederici.* Berlin – Weimar 1973.
[31] *Goetz, D.:* Georg Christoph Lichtenberg – ein Naturforscher und Materialist der deutschen Aufklärung. Diss. Potsdam 1963.
[32] *Herrmann, D. B.:* Georg Christoph Lichtenberg als Herausgeber von Erxlebens Werk „Anfangsgründe der Naturlehre“. NTM 1 (1969).
[33] *Kant, H.:* 200 Jahre Lichtenbergsche Figuren. Wissenschaft und Fortschritt 6 (1977).
[34] *Rödel, W.:* Forster und Lichtenberg. Ein Beitrag zum Problem deutsche Intelligenz und Französische Revolution. Berlin 1960.
[35] Chodowiecki – Lichtenberg. Der Fortgang der Tugend und des Lasters. Hrsg. v. *I. Sommer.* Berlin 1975.
[36] *Mautner, Fr. H.:* Lichtenberg, Geschichte seines Geistes. Berlin 1968.

PERSONENREGISTER

Lieferbar in dieser Reihe:

Band	Autor und Titel	Preis	Bestell-Nr.
16	Heinig: C. Schorlemmer	4,70	665 721 9
19	Schmutzer/Schütz: G. Galilei	6,90	665 744 6
20	Kuczera: H. Hertz	4,50	665 743 8
21	Astaschenkow: S. P. Koroljow	10,–	665 788 8
22	Werner: W. Weber	3,50	665 772 9
24	Winter: R. Virchow	4,70	665 779 6
25	Wächtler/Mühlfriedel/Michel: E. Rammler	5,–	665 775 3
26	Mette: W. Griesinger	4,20	665 780 9
27	Wußing: I. Newton	6,90	665 834 2
28	Zirnstein: W. Harvey	5,–	665 837 7
29	Wołczek: M. Skłodowska-Curie	6,50	665 833 4
30	Rodnyj/Solowjew: W. Ostwald	18,50	665 774 5
31	Kaiser: J. A. Segner	4,50	665 840 6
34	Halameisär/Seibt: N.I.Lobatschewski	4,60	665 870 5
35	Jahn/Senglaub: C. v. Linné	6,20	665 876 4
36	Tutzke: A. Grotjahn	4,60	665 882 8
37	Kästner: J. Gutenberg	3,50	665 866 8
39	Bürger: Chr. Kolumbus	6,80	665 931 0
42	Herneck: M. v. Laue	4,90	665 920 6
43	Kosmodemjanski: K. E. Ziolkowski	10,50	665 930 2
44	Jaworski: L. Hirszfeld	4,80	665 995 1
45	Ilgauds: N. Wiener	4,80	665 983 9
46	Körber: A. Wegener	4,80	665 991 9
47	Biermann: A. v. Humboldt	6,80	666 006 3
48	Zirnstein: Ch. Lyell	6,80	665 992 7
50	Tobies: F. Klein	6,80	666 026 6
53	Sittauer: J. Watt	6,80	666 038 9
54	Ruff: E. du Bois-Reymond	6,80	666 037 0
55	Krüger: W. I. Wernadskij	6,80	666 033 8
56	Thiele: L. Euler	9,60	666 045 0
57	Herrmann: K. F. Zöllner	4,80	666 086 4
58	Cassebaum: C. W. Scheele	6,80	665 990 0
59	Sittauer: F. G. Keller	6,80	666 092 8
60	Jürß/Ehlers: Aristoteles	6,80	666 057 3
61	Engewald: G. Agricola	6,80	666 113 8
62	Dunsch: H. Davy	4,80	666 111 1